职业教育无人机应用技术专业系列教材

无人机植保技术

主 编 赵中营

副主编 刘 邹

参 编 朱友理 刘凯文

机械工业出版社

本书介绍了无人机植保技术及其在行业中的应用，内容精练、概念准确、适合教学；重点培养学生的实际操作能力，突出"做中教，做中学"的职教特色。

本书共6章，内容包括无人机植保现状、植保无人机的构造及原理、常见病虫草害识别与化学防治、植保无人机的安全作业模式、飞防经验与案例和植保无人机的维护与保养。

本书可作为无人机应用技术、作物生产技术、植物保护与检疫技术、农业装备应用技术等专业的教材，也可作为无人机领域科技人员、操作人员和爱好者的参考用书。

本书配有电子课件等教学资源，选择本书作为授课教材的教师可登录机械工业出版社教育服务网（www.cmpedu.com）免费注册后下载或联系编辑（010-88379807）咨询。

图书在版编目（CIP）数据

无人机植保技术/赵中营主编. —北京：机械工业出版社，2020.11（2025.2重印）
职业教育无人机应用技术专业系列教材
ISBN 978-7-111-66709-4

Ⅰ．①无…　Ⅱ．①赵…　Ⅲ．①无人驾驶飞机—应用—植物保护—职业教育—教材　Ⅳ．①V279 ②S4

中国版本图书馆CIP数据核字（2020）第188196号

机械工业出版社（北京市百万庄大街22号　邮政编码100037）
策划编辑：张星瑶　梁　伟　责任编辑：梁　伟　张星瑶
责任校对：张玉静　　　　　封面设计：鞠　杨
责任印制：常天培
北京机工印刷厂有限公司印刷
2025年2月第1版第16次印刷
184mm×260mm · 9.75印张 · 196千字
标准书号：ISBN 978-7-111-66709-4
定价：36.00元

电话服务　　　　　　　　　网络服务
客服电话：010-88361066　　机 工 官 网：www.cmpbook.com
　　　　　010-88379833　　机 工 官 博：weibo.com/cmp1952
　　　　　010-68326294　　金 书 网：www.golden-book.com
封底无防伪标均为盗版　　　机工教育服务网：www.cmpedu.com

PREFACE 前言

近年来，无人机的性能不断增强，在航拍和植保行业中率先实现了盈利，并有效促进了其在更多行业中的广泛应用。最初，无人机在农业中主要应用于植保领域，但随着功能的持续增强，无人机现已广泛应用于撒肥、播种、农产品运输等多个农业领域，因此将"植保无人机"改称为"农业无人机"更为恰当。农业无人机在国民经济中的重要性日益凸显，强大的市场需求吸引了大量有志之士投身这一行业，这不仅推动了无人机行业的良性循环和快速发展，还为各行各业带来了新的发展机遇和商业模式。

2018年国务院发布了《国务院关于加快推进农业机械化和农机装备产业转型升级的指导意见》，为农业机械化的发展提供了明确的方向。2021年教育部新增了"无人机系统应用技术"专业，进一步推动了无人机技术的教育和人才培养。2022年农业农村部发布了《关于加快推进数字农业农村发展的意见》，强调了数字技术在农业中的重要性。这些国家层面的政策和引导为无人机技术的发展和应用奠定了坚实基础，促进了农业无人机行业的快速发展，确保未来有足够的专业人才推动这一领域的发展，加快农业生产的现代化和高效化。

无人机行业的发展迫切需要大量专业人才，因此标准化教材的编写和专业人才的培养成为当务之急。本书在编排上遵循由简到难的原则，层层递进，通过实例引导，帮助读者尽快掌握相关专业知识。

本书由江苏农林职业技术学院的赵中营任主编，临沂科技职业学院的刘邹任副主编，参与编写的还有江苏省镇江市植保植检站的朱友理以及江苏农林职业技术学院的刘凯文。主编赵中营近年来还亲自带队执行无人机植保作业，累计作业面积约5万亩/次，将丰富的实践经验融入书中，使理论与实践紧密结合。朱友理作为资深农技人员，扎根农业第一线，长期从事植保工作，为本书提供了大量贴近实际生产的真实案例和实用技术，让本书内容更"接地气"。

在本书编写过程中，南京天泽慧宇教育科技有限公司以及公司的韩沙沙校长给予了大力支持，从资料收集、整理到内容把关，都提供了诸多专业且极具价值的建议；南京御龙航空科技有限责任公司提供了无人机配套模拟软件，丁剑峰总经理还亲自参与沟通协调，确保软件内容与本书完美契合，为读者提供更直观、实用的学习资源。此外，编者广泛参考了国内外相关教材与研究资料，以确保本书内容的科学性与前瞻性，在此向所有提供帮助的单位和个人表示衷心感谢。

本书还为读者提供了丰富的配套数字资源：

授课PPT、题库及答案、试卷库、维护与保养实训手册（活页）等，授课教师可在机工教育服务网（www.cmpedu.com）获取。还配套学银在线《无人机植保技术》在线课程，可通过以下链接参与学习：https://www.xueyinonline.com/detail/218559171。

由于编者的理论水平与实践经验有限，书中难免存在不足或疏漏之处，恳请各位读者批评指正。

编　者

QR code index
二维码索引

CONTENTS
目 录

CONTENTS

无人机植保现状

第1章

本章重点

本章主要介绍了农业飞防作业情况、国内外农业现状，对比了国内外农业发展的基本情况，并从我国农业人口、土地、种植面积、农业现代化发展状况、农业航空和农业植保机械化现状等方面讲述了我国农业的发展现状，分析了我国农业航空植保产业发展的主要问题及发展前景。还介绍了农业现植保无人机的概念与分类以及多旋翼植保无人机的分类和性能特点。

学习目标

了解我国农业飞防的基本情况、国内外农业植保作业现状；理解我国农业航空植保产业发展的主要问题；掌握农业植保无人机的概念与分类、多旋翼植保无人机的分类和性能特点。

1.1 农业飞防作业概述

农业航空是现代农业的重要组成部分，也是反映农业现代化水平的重要标志之一。农业航空植保是基于航空与植保技术的一种新型植保作业，属于机械化、自动化植保技术，结合航空技术后能快速、高效地完成大面积、大范围的植保防治。与传统的机械化植保不同，农业航空植保借用航空设备平台，摆脱了传统人工设备的束缚。

植保无人机的航空施药具有作业飞行速度快、喷洒效率高、应对突发灾害能力强等优点。植保无人机的作业现场如图 1-1 所示。它解决了农业机械或人工无法进地作业的难题，其发展前景受到农业植保领域相关人员的高度重视。2014 年中央 1 号文件明确提出要"加强农用航空建设"，为航空植保的发展指明了方向；2015 年提出"到 2020 年实现农药使用零增长"；2017 年《全国农业机械化发展第十三个五年规划》中指出发展目标是农机作业水平全面提高。这一切都表明国家希望出现一种更优的植保方式来提高植保作业效率以及农药使用率，而植保无人机恰恰能够满足这两个方面的要求。

农药喷洒是农业生产的重要一环，对防治病虫害、促进农业稳产高产至关重要。但是因为施药方法的限制，会存在生产成本增加、农药使用量大、农产品残留超标、作物药害、环境污染等问题。为有效控制农药使用量，保障农业生产安全、农产品质量安全和生态环境安全，我国制定了《到 2020 年农药使用量零增长行动方案》，明确要求在 2020 年实现农药生产、使用零增长。但是，目前我国农业发展存在生产效率低、农药使用超标等问题，制约了我国农业生产的发展，并且已经影响到普通居民的日常生活与健康。无人机参与到农业生产中的植物保护环节，而植物保护是农业生产中机械化程度最低的环节，所以推动无人机的应用就是为了解决农业机械化的最后一个薄弱环节。

图1-1 植保无人机的作业现场

植保无人机用于农业作业近年来才迅速发展，如图1-2所示。植保无人机的市场保有量从2014年以来迅速增长，尤其是2017～2019年植保无人机的市场保有量增加更为迅速。植保无人机的作业机类型较多，包括油动单旋翼、油动多旋翼、电动单旋翼、电动多旋翼等多种类型，在农业上的用途也多样化，包括植保喷洒、遥感监测、杂交水稻授粉等。

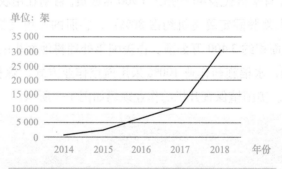

图1-2 植保无人机的市场保有量

目前市场上电动、油动、多旋翼、单旋翼植保无人机并存，相对而言，电动多旋翼植保无人机使用较多，载药量在5～30L，大多数价格在5～20万元，而购机者多为种植合作社或农机服务组织，购机量多的省份均有相应的省、市、县级财政补贴。2015年全国农用植保无人机作业面积约为1 000万亩（1亩≈666.7m²），日作业面积为100～1 000亩，作业费用在10～20（元/亩），成本在2～10（元/亩），农户对无人机作业效果评价良好率为63.59%。截止到2019年10月，植保无人机保有量达5.5万余架，作业面积达4.5亿余亩。短短4年时间，植保无人机作业面积增长了近45倍。农业植保无人机的作业规模能达到每小时80～100亩，其作业效率要比常规喷洒作业高出近百倍。植保无人机自动飞控导航作业可以最大限度地减少作业人员接触农药的时间，从而保障了工作人员的安全。使用飞控导航自主作业时，只需在喷洒作业前将农田里农作物的基本信息采集到，再把航线规划输入到地面站，无人机便可进行全自主作业，在田间地头起飞对农作物实施作业，作业完成之后自动飞回到起飞点。而在飞机喷洒作业的同时，还可以通过地面站的显示界面实时观察喷洒作业的进展情况。

农用无人机由于其作业高度低、飘移少、对环境污染小、可空中悬停、防治病虫害效果好、运行成本低、灵活性高等优点，在农业生产中拥有广阔的发展前景。

1.2 国外农业现状

从世界范围来看，农业航空较发达的国家主要有美国、俄罗斯、澳大利亚、日本、加拿大、巴西、韩国等，有些国家已经有了几十年的经验，产业成熟度较高。

1.2.1 美国的农业航空发展情况

美国是农业航空应用技术最成熟的国家之一，已形成较完善的农业航空产业体系。根据统计，美国农业航空对农业的直接贡献率在 15% 以上。目前美国有农用航空相关企业 2 000 多家，已于 1966 年成立国家农业航空协会（National Agricultural Aviation Association，NAAA），有来自代表 46 个州约 1 900 名成员。目前在用农用飞机 4 000 多架（共有机型 20 多种，有人驾驶固定翼飞机约占 80%），在册的农用飞机驾驶员 3 200 多名，农业航空年处理耕地面积约 3 400 万公顷，占美国年处理耕地面积的 40%，65% 的农药采用飞机作业完成喷洒，水稻施药作业 100% 采用航空作业方式，森林植保作业也是 100% 采用航空作业的方式。美国植保直升机的作业现场如图 1-3 所示。

图 1-3 植保直升机

国家大力扶持农业航空产业的发展是美国农业航空发达的重要原因之一。美国从 20 世纪 70 年代开始研究航空喷施作业技术参数的优化模型（包括用户输入、喷嘴、药液、飞机类型、天气因素等），通过对内部的数据库调用即可预测可能产生的飘移、雾滴的运动和地面沉积模式等。

美国农业航空服务的一个重要特点是有强大的农业航空组织体系，包括国家农业航空协会和近 40 个州级农业航空协会，协会的会员主要包括企业业主和飞行员。这些协会有 4 个主要任务：一是提供品牌保护等信息服务；二是开展提高航空应用效率与安全性方面的研究与教育计划；三是推进与政府部门和科研机构的联系与合作；四是组织农业航空年会，为会员提供新产品、新技术发布平台和交流机会。

1.2.2　日本的农业航空发展情况

日本是最早将微小型农用无人机用于农业生产的国家之一。日本的丘陵居多，存在大量小地块、梯田等不适合大型地面机械和有人驾驶固定翼航空机械作业的耕地地形，因此日本农业航空以直升机为主。由于植保无人机具有经济性、安全性、易操作性的优点，采用超低空小型植保无人机进行播种、喷药、施肥是一种科学、安全、经济的植保方式。1990 年，日本山叶公司推出世界第一架主要用于喷洒农药的无人机，此后无人机在农业方面的应用迅速发展。据日本农林水产省统计，经过 20 多年的发展，日本植保无人机已经从 1995 年的 307 架增加到现在的 2 400 多架，操作人员达 14 000 多人。从 2004 年起水稻生产中微小型农用无人直升机的使用量就已超过有人驾驶直升机。目前用于农林方面的无人直升机以雅马哈公司的 RMAX 系列为主，如图 1-4 所示。该机被誉为"空中机器人"，植保作业效率为 7 ～ 10（公顷 / 小时），主要用于播种、耕作、施肥、喷洒农药、病虫害防治等作业。目前，日本农业植保无人机以油动无人机为主，采用微小型农用无人机进行农业生产已成为日本农业发展的重要趋势之一。

图 1-4　雅马哈公司的 RMAX 系列无人直升机

农业航空技术是国家农业生产的重要组成部分，在农业生产中的应用比重不断加大。根据农田飞行作业环境的适宜程度，国外农业航空大致分为有人驾驶和无人驾驶两种作业模式。在美国、俄罗斯、加拿大、巴西等户均耕地面积较大的国家，普遍采用有人驾驶固定翼飞机作业，而在邻近的日本和韩国等户均耕地面积较小的国家，微小型无人机用于航空植保作业的形式正越来越被广大农户采纳。各国航空植保作业的年处理耕地面积百分比情况如图 1-5 所示。可以看出我国航空植保作业年处理耕地面积比例远低于世界平均水平，我国作为农业大国目前农药产量及使用量居世界第一，而在植物保护上存在植保机械落后、机具单一、防治作业效率低等问题。目前我国农用航空作业的水平显著低于发达国家和世界平均水平，仅为 2%，而美国和日本均超过 50%。

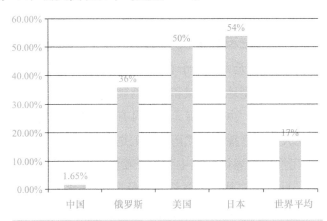

图 1-5 各国航空植保作业的年处理耕地面积百分比情况

1.3 国内农业现状

1.3.1 我国农业基本概况

1. 人口状况

据国家统计局 2020 年 2 月发布的《中华人民共和国 2019 年国民经济和社会发展统计公报》显示，截至 2019 年末，我国乡村人口为 55 162 万，占总人口比重的 39.40%，较 2018 年占总人口比重下降了 1.02 个百分点。全国农民工总量为 29 077 万人，比上年增长 0.8%。其中，外出农民工有 17 425 万人，增长了 0.9%；本地农民工有 11 652 万人，增长了 0.7%，增长率较上年均略有下降。

2. 土地和种植面积

据《中华人民共和国 2019 年国民经济和社会发展统计公报》显示，2019 年全年粮食种植面积为 11 606 万公顷，比上年减少 97 万公顷。其中，小麦种植面积为 2 373 万公顷，减少 54 万公顷；稻谷种植面积为 2 969 万公顷，减少 50 万公顷；玉米种植面积为 4 128 万公顷，减少 85 万公顷；棉花种植面积为 334 万公顷，减少 2 万公顷；油料种植面积为 1 293 万公顷，增加 6 万公顷；糖料种植面积为 162 万公顷，减少 1 万公顷。

截至 2020 年 7 月，据自然资源部发布的最新一期自然资源公报《2017 年中国土地矿产海洋资源统计公报》（2018 年 5 月发布）数据显示 2016 年末，全国共有农用地 64 512.66 万公顷，其中耕地面积为 13 492.10 万公顷（20.24 亿亩），园地 1 426.63 万公顷，林地 25 290.81 万公顷，牧草地 21 935.92 万公顷。2016 年全国农用地利用情况如图 1-6 所示。

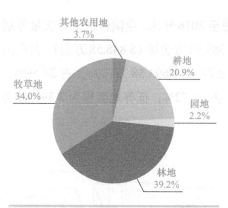

图 1-6 2016 年全国农用地利用情况

2016 年，全国因建设占用、灾毁、生态退耕、农业结构调整等减少耕地面积 34.50 万公顷，通过土地整治、农业结构调整等增加耕地面积 26.81 万公顷，年内净减少耕地面积 7.69 万公顷，2012～2016 年全国耕地面积变化情况和耕地面积增减变化情况如图 1-7 和图 1-8 所示。全国土地利用数据预报结果显示，2017 年末，全国耕地面积为 13 486.32 万公顷（20.23 亿亩），全国因建设占用、灾毁、生态退耕、农业结构调整等减少耕地面积 32.04 万公顷，通过土地整治、农业结构调整等增加耕地面积 25.95 万公顷，年内净减少耕地面积 6.09 万公顷。

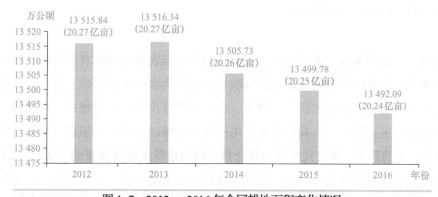

图 1-7 2012～2016 年全国耕地面积变化情况

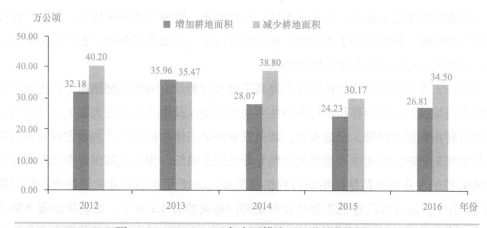

图 1-8 2012～2016 年全国耕地面积增减变化情况

在全国耕地使用中，截至 2016 年末，全国耕地平均质量等别为 9.96，等别结构如图 1-9 所示。其中，优等地面积为 389.91 万公顷（5 848.58 万亩），占全国耕地评定总面积的 2.90%；高等地面积为 3 579.57 万公顷（53 693.58 万亩），占 26.59%；中等地面积为 7 097.49 万公顷（106 462.40 万亩），占 52.72%；低等地面积为 2 395.41 万公顷（35 931.40 万亩），占 17.79%。

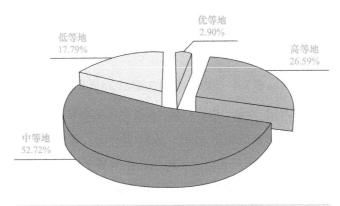

图 1-9　2016 年全国耕地质量等别结构

注：全国耕地评定为 15 个等别，1 等耕地质量最好，15 等耕地质量最差。1～4 等、5～8 等、9～12 等、13～15 等耕地分别划为优等地、高等地、中等地和低等地。

3. 农业现代化发展状况

我国是一个农业大国，发展高效、安全的现代生态农业是我国农业现代化建设的重要目标。作为现代农业的重要组成部分和反映农业现代化水平的重要标志之一，农业航空在我国现代农业发展中具有重大需求。然而，在当前粮食作物生产过程中，植保仍以手工、半机械化操作为主。据统计，我国目前使用的植保机械以手动和小型机（电）动喷雾机为主，其中手动施药药械、背负式机动药械分别占国内植保机械保有量的 93.07% 和 5.53%，拖拉机悬挂式植保机械约占 0.57%，植保作业投入的劳动力多、劳动强度大，施药人员中毒事件时有发生，我国每年因防治不及时，病虫害造成的粮食作物产量损失达 10% 以上。同时国内农药用量越来越大、作业成本高、浪费严重、资源有效利用率低，作物产量和质量难以得到保障。同时带来了严重的水和土资源污染、生态系统失衡、农产品品质下降等问题，已经无法适应现代农业发展的需求。

另外，工业化和城镇化的快速发展提高了对农村劳动力的吸收接纳能力，也导致了农村劳动力向城镇的大量转移和农村季节性劳动力短缺以及用工成本的大幅上升。同时，农村土地流转正在加速推进，家庭农场、新型农业经济主体和种植大户快速发展对我国农业生产带来深刻影响。农业生产逐渐外包给专业化服务组织。为农民提供规范化和规模化的病虫害防控的专业化统防统治组织得到快速发展。2018 年全国专业化统防统治组织数量达到 8.8 万个，工商部门登记注册并在农业部门备案的有 4.1 万个，统防统治服务能力大幅提升，全年统防统治面积超过 15 亿亩次，占比达到 37% 以上。随着我国专业化统防统治工作的不断推进，传统小型背负式喷雾器械已经不能满足快速发展的专业化防治需求，作业效率高、适用范围广、节水、节药环保型，用工少的大中型植保机械和农业航空植保得到了快速发展。2014 年中央 1 号文件明确提出要"加强农用航空建设"，为航空植保的发展指明了方向。

农业航空植保技术的应用对提高我国农作物病虫害防治机械化水平、实行统防统治的专业化服务、提高农业资源的利用率、增强突发性大面积病虫害防控能力、缓解农村劳动力短缺、增强农业抗风险能力、保障国家粮食安全和生态安全、实现农业可持续发展具有十分重要的意义。

1.3.2　国内农业航空发展状况

1951 年 5 月应广州市政府的要求，中国民航广州管理处派出一架 C-46 型飞机，连续两天在广州市上空执行了 41 架次的灭蚊蝇飞行任务，揭开了我国农业航空发展的序幕。经过几十年的发展，我国农业航空作业量逐年增加，至 2016 年作业量约为 5.1 万小时，比 2015 年增长 21.3%，这期间以有人驾驶固定冀飞机和直升机为主，作业面积约为 200 多万公顷。同时从 2017 年开始，无人机用于植保作业的方式正逐渐兴起，以有人驾驶为主的农业航空作业时间在通用航空总飞行时间中所占的比例正逐年下降。

我国农业航空作业时间在通用航空总飞行时间中所占比例正逐年下降，作为现代农业的重要组成部分和反映农业现代化水平的重要标志之一，我国农业航空的发展水平显然与经济发展及现代农业建设的需要极不相称。

1.4　植保机械化现状

1.4.1　农业航空植保的特点及发展优势

农用飞机航空作业速度快、突击能力强、防控效果好，飞机飞行产生的下压气流吹动叶片使叶片正反面均能着药，防治效果相比人工与机械提高了 15% ~ 35%，应对突发、爆发性病虫害的防控效果好；不受作物长势的限制，可解决作物生长中后期地面机械难以下田作业的问题。例如，作物生长至封行后行垄不清晰，特别是对于玉米等高秆作物，玉米大喇叭口期高度一般都在 1.2m 以上，与拖拉机配套的普通悬挂式、牵引式喷杆喷雾机难以进入进行杀虫剂、杀菌剂、除草剂、催熟脱叶剂、增糖剂、叶面肥料等农药的喷洒作业，尤其在丘陵山区等交通不便、人烟稀少或内涝严重的地区，地面机械难以进入作业，航空作业可以很好地解决这一难题。此外，与田间作业相比，航空作业还有劳动用工少、作业成本低、不会留下辙印、不会损伤作物、不破坏土壤物理结构、不影响作物后期生长等特点。据统计，航空作业与地面机械作业相比，每公顷可减少作物损伤及其他支出（油料、用水、用工、维修、折旧等）百余元。

采用轻型无人机实现水稻、玉米、甘蔗等地面机具无法作业的高秆作物的低空喷雾作业，进而提高机械化作业水平。航空植保的人机分离作业能减少操作者的劳动强度，避免农药中毒等恶性事件的发生；使用高效航空植保机械和施药技术是提高农药有效利用率的有效手段，农业植保无人机能够控制细小雾滴飘移，提高靶标作物上的药液沉积和减少农药流失，根据病虫害情况通过航空作业实现精准、减量施药。

1.4.2 制约我国航空植保产业发展的主要问题

我国农业航空的应用水平和国外相比差距较大，一方面是我国的农用飞机数量少（仅占世界农用飞机总数的 0.13%），农业航空年处理耕地面积小（约占总耕地面积的 1.70%）；另一方面包括现有农业航空政策法规体系不完善、配套核心科学技术研究不足、专业队伍人才匮乏、社会化服务体系不健全、与农业航空相适应的农田作业环境基础建设被忽略、制度上缺少支持农业航空发展的公益性安排等，影响了农业航空产业的快速发展，制约了我国农业航空植保产业的发展。

1. 农业航空政策法规体系不完善

农业航空作业涉及民航、农机、植保、质检等多个部门，目前存在监管部门不明确的问题。尽管我国在 2010 年出台了 1 000m 以下低空空域将逐步对民用领域开放的政策，对农业航空的发展具有一定的推动作用，但对农业航空的管理仍沿用现有民用航空标准，民航法规体系中的相关条款存在针对性不强、结合不紧密等问题。

另一方面，我国部分农用无人机长期以来是由航模发展而来，在生产和使用时缺少相应的法律法规、严格的准入制度和质量监督，行业标准不够完善，市场产品质量良莠不齐，限制了农用航空植保产业的良性发展。农用无人施药机作为一种农机具，其产品标准、3C认证、市场准入、飞行作业审批等长期以来均无依据。2018 年 6 月，我国第一个农业无人机行业标准《植保无人机质量评价技术规范》才开始实施，为实现人、机、技、剂的有机结合，发展绿色农业、生态农业提供了重要的装备和技术支撑。但是《植保无人机质量评价技术规范》只从人员安全、公共安全和机具安全 3 个方面规范了植保无人机的质量要求，飞防药剂与植保无人机喷施作业技术标准还处于空白状态。植保无人机采用的是超低容量喷雾，传统药剂达不到飞防作业要求。相关企业通过不断地喷施作业及实验对比，制定了各自的作业标准，形成的飞防药剂性能不一、喷洒作业标准不统一。

2019 年 9 月，中国农业机械化协会发布了由协会组织制定的包括《植保无人飞机作业质量》在内的 9 项农用航空行业团体标准，从施液量偏差、雾滴沉积密度、雾滴分布均匀性 3 个维度，明确了作业质量的具体要求，有效促进飞防效果评估工作的标准化、规范化，是我国植保无人机领域内的首份作业质量评估标准。此次发布的标准由协会组织行业内的优势企业协同制订，涉及的具体规范和技术指标代表着行业较高水平。2020 年 4 月由中国农业机械化协会颁布的《航空施药监测系统技术要求》开始实施，该标准规定了航空施药监测系统的通用技术要求、安全要求、可靠性要求和环境要求。

综上所述，我国农业航空缺乏完善、规范的技术标准及作业规程；农业航空作业申报审批手续复杂，不但提高了农业航空作业的成本，还延误了最佳作业时机，甚至导致作业失败；至今尚未专门出台旨在推动、促进农业航空产业快速发展的国家政策，对农用飞机的采购、机场的使用、农用飞机燃油补贴等没有相应的扶持政策。在国家层面、行业内以及行业间缺少支持农业航空的整体发展战略规划。

2. 农业航空配套核心科技研究不足，使用成本高

我国农用航空飞机数明显偏少，农业航空植保在全国植保中所占的比例小，制约了我国航空植保技术的发展。目前农业航空飞机机型杂乱，现有固定翼 M-18、AT-402B、Thrush510G、Y-5、Y-11、海燕 650、GA-200 和直升机贝尔 407、罗宾逊 R66 等多类机型，部分机型已经停产，进入了淘汰阶段，但目前仍是我国农业航空的主力机型，属于超期服役。同时飞行服务基础设施和保障体系建设滞后，农用航空飞机的运营、维修、保养等成本较高且人才缺乏，也制约了我国农业航空产业的发展。

农用飞机制造及配套喷施技术等基础研究、核心技术研发滞后、机型偏少、更新能力和产能不足，无法形成规模效益，导致价格、维护成本偏高，从而导致需求减少，反过来影响到生产规模，由此形成恶性循环。

3. 农业航空社会化服务体系不健全

由于农业航空在农业生产中的重要作用没有得到充分凸显，我国与农业航空产业相配套的多种形式的社会化服务组织，包括租赁、中介、培训、机修以及推广、融资、保险等专业公司尚未形成规模，单个企业对上述服务的成本支出的承受力不够，因此也缺少大面积推广的力度。此外，我国缺乏能够适合于农业航空产业发展的机场保障基地，也限制了农业航空事业的发展。

对农业航空认识不足，与农业航空相适应的农田作业环境基础建设被忽略，在制度上缺少对农业航空的公益性安排。长期以来通常认为农业航空作业技术性强、价格高，对农业航空作业的整体高效益和低成本认识不足，造成农业航空的市场需求落后，许多人仍处于旁观状态。此外，分散经营的生产模式造成地块小而分散，与农业航空规模化作业的模式不符合。而且各地在进行农田规划时，缺少大规模的集约化经营安排，防风林、电力电信布线等未将农业航空作业纳入考虑，对农用飞机的作业安全也造成了极大威胁。

4. 对航空植保涉及的低容量喷雾技术理论和配套药剂研究准备不充分

与地面喷杆喷雾机的大容量喷雾不同，航空植保施药液量应该控制在 $4.5 \sim 7.5 \text{L/hm}^2$，属于低容量喷雾和超低容量喷雾。此时，农药雾滴粒径就需要采用细小雾滴，而细小雾滴在螺旋桨的压力下尚需研究雾滴大小及数量的监测手段和测量标准。航空植保中的喷雾装备系统也需要研究开发。在航空植保中，因其施药液量少，农药雾滴在农作物冠层沉积分

布规律、农药雾滴最佳密度等众多科学理论问题仍需要研究。

航空植保的农药制剂及其配制与地面大容量喷雾完全不同。航空喷雾的农药药液浓度远高于地面喷雾，增加了药液对农作物药害的风险，因此，航空喷雾农药制剂配制需要优化。另外，航空喷雾的农药制剂需要严格控制细小雾滴产生的数量，防止出现雾滴飘移的环境风险。现阶段我国各地航空喷雾多采用地面喷杆喷雾机所采用的农药制剂，需要优化并提出相关标准。

5. 航空植保对环境和生态的影响缺少跟踪监测

对航空植保中细小雾滴移进入环境后的负面影响尚未开展相关的跟踪研究，为保证航空植保的健康发展，需要研究监测航空喷雾后对邻近作物、蜜蜂、畜舍、水源等的影响，为航空植保提供技术参考。

1.4.3 我国农业航空发展的前景

2008 年以来，在国家 863 项目的资助下国内科研机构开始研制单旋翼无人施药机。随后几年，国内一些大型农机化企业敏锐地认识到航空施药对植保工作的驱动作用，广西田园等农机化企业以及江苏汉和等无人机制造商纷纷开始无人施药机及低空喷雾技术的研究工作，山东、河南、河北、江西、黑龙江等地更是出现了多家航空作业服务公司，航空施药已经在各地小麦、玉米、水稻、甘蔗、棉花等农作物上得到了广泛的应用。同时，大、中型有人驾驶飞机也广泛应用于农业飞防领域。国内植保无人机的发展阶段见表 1-1。

表 1-1　国内植保无人机的发展阶段

发展阶段	时　间	基本情况
起步	1950 年后	主要是航空技术的研究和应用
	2004 年	"863" 计划，农机化研究所等单位开始研发植保无人机
	2007 年	国内首款工程型植保无人直升机的产业化探索
	2009 年	无锡汉和航空技术有限公司推出第一款油动植保无人机
发展	2010～2012 年	实验探索，植保无人机暂未形成实际作业能力
	2013～2014 年	行业演示验证，作业性能不稳定，作业率低
	2015 年	农机推广部门和专家持有怀疑态度，但部分农户开始接受
推广	2016～2017 年	行业大面积推广应用，经营模式和作业能力得到发展和验证
	2018 年以后	产品逐步成熟，进入行业竞争阶段，价格成为各企业的争夺重点

2015 年后，多旋翼植保无人机迅速发展，包括广州极飞、广州天翔、珠海羽人、北方天途等公司都推出了各自的多旋翼植保无人机。2015 年底，深圳市大疆创新科技有限公司推出了 MG-1 多旋翼植保无人机，极大降低了植保无人机的成本，震撼了市场。随着新动能、新产业、新业态加快成长，各大厂家推出了更加完善的农业植保无人机产品，所以业内将 2016 年称为农业植保无人机发展的"元年"，2017 年底民用无人机产量达 290 万架，增长

67.0%，截至 2019 年 10 月，仅植保无人机保有量就达到 5.5 万余部。

到 2017 年，新疆、河北、河南和湖北等农业大省区，植保无人机已经能大规模作业了。2017 年 8～9 月，为了应对棉农用无人机喷洒脱叶剂的大量需求，极飞通过互联网第一次从全国调度上百个作业队、超千架植保无人机在新疆组织作业活动，完成了 13.3 万公顷（约 200 万亩）的棉花落叶剂喷洒作业，从此引发每到棉花成熟季全国各地无人机赴疆下乡大规模作业的潮流。2018 年极飞再次组织活动，累计作业面积近 670 万亩，与 2017 年同比增长 155%，2019 年 9 月累计作业面积达到 2 622 万亩，相当于全疆机采棉面积的 65%。2017 年全丰在河南安阳完成了 6.7 万公顷（约 100 万亩）的集中连片统防统治作业。整体来看，在内地 20 公顷（约 300 亩）以上的大户以及新疆和东北 66.7 公顷（约 1 000 亩）以上的大户对植保无人机接受度最高。目前，在主流的电动多旋翼植保无人机市场，已经形成以大疆、极飞占据多数市场，汉和、全丰位居第二阵营，其他企业分食剩余市场的格局。2017 年整个农业植保飞防市场是"跑马圈地"阶段，2018 年正式步入降价竞争阶段，价格已经成为各企业争夺的焦点。比较显著的是在 2018 年 4 月北京举办的"世界精准农业航空大会"上，湖北龙翼机器人有限公司推出了 6kg 机型，采用铝合金机身，简化操控系统，成功将价格压缩在 1 万元以内。价格的降低意味着普通农户市场将会进一步被打开。

随着我国农业现代化进程加快，农业新型经营主体快速发展，农村劳动力短缺和人工成本急速增加，同时专业化统防统治工作快速发展，农业植保对作业效率高、适用范围广、节水、节药环保型、用工少的大中型植保机械和农业航空植保机械的需求越来越迫切。农业航空植保也将成为我国农业植保专业化统防统治的重要发展方向和保障国家粮食安全的重大措施，成为我国农业的战略性新兴产业。在这种旺盛需求的刺激下，预计农业航空植保，特别是无人施药机低空喷雾具有广阔的前景。

❋ 拓展阅读

　　农业是国家的根本，关乎着民族的生存与发展。通过本章的学习，我们看到了我国农业飞防行业的蓬勃发展，以及国内外农业发展的不同态势。我国农业科技工作者们以强烈的爱国情怀和责任担当，致力于农业现代化建设，不断突破精准导航、智能避障等技术难题，推动无人机植保技术不断进步，为保障国家粮食安全贡献力量。

　　在农业植保机械化的发展历程中，无数从业者展现出精益求精的工匠精神。他们专注于每一个细节，从植保无人机的设计研发到精准操作，不断追求卓越，确保作业的高效与精准，为行业发展贡献自己的智慧。

　　农业是充满希望的田野，通过对无人机植保技术的学习，我们心系国家粮食安全和农民福祉。绿色植保理念则提醒我们要尊重自然、保护环境，在病虫害防治中优先采用绿色、环保的方法，减少化学农药的使用，实现农业的可持续发展。

思考题

1. 简述国内目前农业现代化发展的状况。

2. 分析制约我国农业航空植保产业发展的主要问题。

3. 简述我国农业航空植保的特点及发展优势。

植保无人机
的构造及原理

第2章

本章重点

本章主要介绍了植保无人机的构造与原理，国内外农业飞防的基本情况。同时讲授了植保无人所特有元件及功能。

学习目标

了解植保无人机的基本结构；掌握植保无人机特有部件的功能与作用。

2.1 概念及分类

2.1.1 植保无人机的概念

植保无人机是无人机家族中一个重要的分支，是专门应用于农林植物保护作业的无人驾驶飞机，主要由飞行平台与喷洒系统两部分组成，通过地面人员遥控或飞控系统自主作业来实现植保作业，它可以进行农药喷雾作业、叶面喷雾作业、促进授粉作业等，具有效率高、环保、作业效果显著、智能化等特点。

植保无人机一般由机身（架）、飞行控制系统、动力系统、通信链路和喷洒等系统组成。无人机通过地面遥控或地面站导航控制来实现相关作业。

机身（架）是整个系统的骨架。在此支撑组件之上才能将整个无人机的各个组件连接、组装在一起。机身（架）需要具有一定的强度和合理的架构，以保证整个无人机的稳定性。

动力系统由电动机（用于电动多旋翼无人机和电动直升机）或发动机（用于油动多旋翼无人机和油动直升机）、电力系统与其他组件构成，旋翼组件组成比较复杂，笼统来说旋翼组件由机臂座、机臂、电动机和螺旋桨4个部分构成。

控制系统包括飞控、遥控器、接收机、电子调速器（ESC）、GPS、差分模块等，目前应用较多的飞控品牌有大疆科技、一飞智控、零度智控、极飞科技、无距科技等。国内比较流行的遥控器品牌有Futaba、天地飞等。

喷药系统包括高压喷头/离心喷头、药泵、流量计等，具有喷洒系统是植保无人机与其他用途无人机的本质区别。喷洒系统由药箱、水泵、软管、喷头等组成。在无人机飞行过程中，将农药从药箱中吸出并通过喷头喷出，再利用螺旋桨旋转产生的向下的风场实现穿透性的喷施效果。

植保无人机的最高飞行速度不宜超过7m/s，超过这个速度植保无人机的风场就会与喷洒的药液产生脱节，无法形成对药液的下压力，从而造成药液飘移流失或蒸发，影响作业效果。

2.1.2　植保无人机的分类

植保无人机可以按照飞行平台、动力来源等进行分类。

1. 按照飞行平台分类

可分为直升机植保无人机、多旋翼植保无人机。

（1）直升机植保无人机

直升机植保无人机是通过发动机来驱动旋翼提供升力，发动机同时也输出动力至尾部的小螺旋桨，机载陀螺仪能侦测直升机的回转角度并反馈至尾桨，通过调整小螺旋桨的螺距可以抵消大螺旋桨产生的不同转速下的反作用力，其前进、后退、上升、下降主要是依靠调整主桨的倾斜角度来实现，而转向则是通过调整尾部的尾桨来实现。直升机植保无人机的优势在于其具有统一而稳定的下压风场，穿透性更强，桨叶产生的下压气流能够使药液到达作物底部的叶背，具有良好的植保效果，能更好地满足高秆作物、果树和较茂密作物的作业需求。但缺陷主要是结构复杂、操作难度大，飞手需要较长的培训周期才能达到作业要求，而且在田间作业一旦发生事故就损失较大，需要较长的维修周期和更多的配件投入。典型的机型有日本雅马哈公司的 RMAX 植保无人机，天鹰 -777-10L 植保无人机，深圳高科新农直升机植保无人机等。国产高科新农直升机植保无人机如图 2-1 所示。

图 2-1　国产高科新农直升机植保无人机

（2）多旋翼植保无人机

多旋翼植保无人机是近几年发展起来的新型植保无人机，具有操作容易、结构简单、价格相对较低的特点。多旋翼植保无人机能够垂直起降、自由悬停，还能够适应各种自然环境，具备自主飞行和着陆能力，可以在一些不适合人类进入的复杂和危险环境中作业，在农业植保方面具有广泛的应用。其飞行中前进、后退、横移、转向、升高、降低主要是依靠调整桨叶的转速来实现的，具有简单易学等优点。多旋翼植保无人机的自动化程度领先于其他机型，相同载荷的造价也比其他机型低，能满足大多数作物的作业要求。极飞科技 P-20 多旋翼植保无人机如图 2-2 所示。

图 2-2 极飞科技 P-20 多旋翼植保无人机

多旋翼植保无人机的飞行平台特性导致其载重量、续航等性能参数相对较低，而且因为有多个旋翼，相邻的两个桨叶旋转方向是相反的，所以存在多个相互干扰的风场，会造成一定的风场紊乱，导致其植保效果稍弱于直升机植保无人机。直升机和多旋翼两种机型的优、缺点对比见表 2-1。

表 2-1 直升机植保无人机和多旋翼植保无人机的优、缺点对比

对 比	直升机植保无人机	多旋翼植保无人机
优点	1. 风场稳定，雾化效果好，向下风场大，穿透力强，农药可以打到农作物的根茎部位，对果树、高秆作物作业更具优势 2. 抗风性更强	1. 入门门槛低，更容易操作 2. 造价相对便宜 3. 能胜任大多数作物的植保工作
缺点	1. 一旦发生炸机事故，直升机造成的损失可能更大 2. 价格更高	1. 抗风性弱，下旋风场更弱 2. 造成风场紊乱，风场覆盖范围小

2. 按发动机类型分类

按照发动机类型可以分为油动与电动，直升机植保无人机目前在市场上有电动产品和油动产品两种，在我国主要以电动为主；多旋翼植保无人机目前在市场上以电动为主，但是也出现过一些油动多旋翼无人机产品。下面就植保无人机中的油动直升机、电动直升机、电动多旋翼无人机分别讨论。

（1）油动直升机植保无人机

直升机植保无人机产品在初级阶段一直是以油动发动机为动力，具备续航时间长、载重较大的优点（相对电动多旋翼无人机）。但是，其使用的发动机多为航模领域的发动机，存在着调试困难、寿命较短的特点，其发动机寿命往往只有 300h 左右，而且在 100h 以内需要对发动机进行保养，过程也较为复杂，大大提高了产品维护以及植保无人机作业的成本。由于植保作业是低速作业，发动机依靠风冷散热满足不了散热需求，在高温、高湿季

节作业时风冷油动植保无人机有明显的不适应性，目前油动植保无人机大部分已经更换为水冷发动机，但也仅是有所改善，没有在本质上解决散热和发动机寿命问题。油动植保无人机依赖于空气中的氧气进行工作，因此难以在高海拔的作业环境中工作，油动植保无人机是目前所有植保无人机中操作难度最高的一种机型。

油动直升机在日本的运用十分成熟，其主要厂家为雅马哈。日本的人力成本以及飞机打药成本十分高昂，以雅马哈直升机进行打药的收费价格接近 100 元 / 亩，这也部分导致了日本的水稻价格远高于国际水稻价格。油动直升机操作复杂、培训成本高、维护成本高、作业成本高、机器成本高，这是其发展十余年始终无法在我国大规模推广的原因。

（2）电动直升机植保无人机

电动直升机植保无人机是在油动直升机的基础上解决了发动机寿命过短、调试困难等因素而产生的新型直升机，采用无刷电动机与锂电池作为动力，使电动机的使用寿命及效率大大提高。其构造比较简单，便于维护保养，机器整体重量较为轻便，转场方便，尤其是在复杂地形的作业。

电动植保无人机具有环保、结构简单、易于操作和维护、无废气、无污染、售价低、使用寿命长等优点，可以适应较高海拔作业，目前测试的结果是在海拔 4 500m 可以正常作业。但是其续航以及载重性能也都稍有下降，需要携带大量电池，存在质量大、成本较高、载荷小、航时短等缺点，每一架无人机通常需要配备 7 ～ 10 块（组）电池才能满足一天的工作需要，另外依然存在人员培训周期较长、摔机成本较大、维修周期较长等问题。目前在我国市场中，直升机植保无人机的市场保有量远低于多旋翼植保无人机。油动植保无人机和电动植保无人机的优、缺点对比见表 2-2。

表 2-2　油动植保无人机和电动植保无人机的优、缺点对比

对　　比	油动植保无人机	电动植保无人机
优点	1. 载荷大，15 ～ 120L 都可以 2. 航时长，单架次作业范围大 3. 燃料易于获得，采用汽油混合物作为燃料	1. 环保，无废气，不造成农田污染 2. 易于操作和维护，一般学习 7 天就可以操作自如 3. 售价低，一般在 3 ～ 10 万元左右，普及化程度高 4. 电动机寿命可达上万小时
缺点	1. 由于燃料是采用汽油和机油混合，不完全燃烧的废油会喷洒到农作物上，造成农作物污染 2. 售价高，大功率植保无人机一般售价在 20 ～ 100 万元 3. 整体维护较难，因采用汽油机作为动力，其故障率高于电动机 4. 发动机磨损大，寿命为 300 ～ 500h	1. 载荷小，载荷范围为 5 ～ 20L 2. 航时短、单架次作业时间一般为 4 ～ 10min，作业面积为 10 ～ 20 亩 / 架次 3. 采用锂电作为动力电源，外场作业需要配置发电机为电池充电

（3）电动多旋翼植保无人机

电动多旋翼植保无人机的主要优点在于操作简单、性能可靠，以市场主流产品为例，处于工作年龄范围内且身体健康的零基础学员，经过短期培训可基本掌握该产品的使用并

能够进行基本作业操作。多旋翼植保无人机的购机成本、摔机成本、维护成本都低于直升机植保无人机，这是近几年多旋翼植保无人机迅速发展起来的重要原因。

当然，其载重量与续航时间是多旋翼植保无人机不足的方面，在锂电池性能没有突破的情况下，多旋翼植保无人机需要准备多块锂电池以进行循环使用，电池更换较频繁。

2.1.3 多旋翼植保无人机的分类和性能特点

多旋翼植保无人机可以按照旋翼数量、气动布局进行分类。

1. 按照旋翼数量进行分类

从旋翼数量可以分为四旋翼植保无人机、六旋翼植保无人机和八旋翼植保无人机。

（1）四旋翼植保无人机

四旋翼植保无人机的结构简单、飞行效率高，目前市场上的多旋翼植保无人机很多都是四旋翼结构，如极飞科技的 P-20 系列（见图 2-2）、零度智控的守护者系列、高科新农 M23-E（见图 2-3）等。但是，四旋翼结构植保无人机的任何一个电动机发生停转或螺旋桨断裂都将导致植保无人机坠毁，所以其安全性较低。

图 2-3　四旋翼植保无人机（高科新农 M23-E）

（2）六旋翼植保无人机

六旋翼植保无人机是在四旋翼植保无人机的基础之上增加旋翼数量而形成的设计，可在其中一个机臂失去动力时依然保持机身平衡与稳定，所以其稳定性高于四旋翼植保无人机。随着旋翼数量的增加，在同样的机身质量下，单个旋翼形成的风场面积减小，这将提高多旋翼植保无人机风场的复杂程度。大疆 T-16 六旋翼植保无人机如图 2-4 所示。

图 2-4　大疆 T-16 六旋翼植保无人机

（3）八旋翼植保无人机

八旋翼植保无人机根据设备性能的不同，最多可实现在两个机臂动力缺失时依然能稳定悬停（两臂不相邻的前提下），更加提升了多旋翼植保无人机的稳定性。动力冗余性的设计是在强调设备稳定性的前提下产生，这一设计将多旋翼植保无人机的安全性又提升到一个新的高度。大疆 MG-1S 八旋翼植保无人机如图 2-5 所示。但是其单个旋翼的风场面积会进一步下降，这也是安全性设计所带来的负面效果。

图 2-5　大疆 MG-1S 八旋翼植保无人机

2．按照气动布局进行分类

多旋翼植保无人机按照气动布局分类，可分为 X 形和十字形。

（1）X 形气动布局多旋翼植保无人机

X 形气动布局是在无人机前进方向的等分角度（左前、右前距机头方向均 45°，机尾相同）放置相反方向的电动机以抵消电动机转动时产生的反扭力。X 形旋翼气动布局与电动机转向示意如图 2-6 所示。

图 2-6　X 形旋翼气动布局与电动机转向示意

X 形结构是目前多旋翼植保无人机最常见的布局，大疆创新的 MG-1/1S 系列、极飞科技的 P-20 系列都属于 X 形结构。它的两个机臂同时朝前，从外形来看恰好是一个 X 的形状。

（2）十字形气动布局多旋翼植保无人机

十字形多旋翼气动结构是最早出现的多旋翼无人机气动布局之一，如图 2-7 所示。因其气动布局简单，只需要改变轴向上电动机的转速即可改变无人机姿态，从而实现基础飞行，便于简化飞控算法。但其构造会导致无人机航拍时正前方的螺旋桨进入画面而造成不便，随着飞控系统的进化，逐渐被 X 形多旋翼气动布局取代。

图 2-7　十字形旋翼气动布局与电动机转向示意

十字形结构的多旋翼植保无人机具有喷头布置上的优势，可在其左右对称两个电动机以及朝前的电动机下面分别布置一个喷头，3 个喷头在平面空间形成完整的喷雾范围。十字形多旋翼植保无人机的典型代表有羽人科技的植保无人机系列、零度智控的守护者系列等，零度守护者 Z-10 植保无人机如图 2-8 所示。

图 2-8　零度守护者 Z-10 植保无人机

3. 多旋翼植保无人机的性能特点

多旋翼植保无人机已经广泛应用在农作物植保，还可利用无人机进行低空农田信息采集，准确清晰地获得农田信息、实现精准农业。利用多旋翼植保无人机进行植保作业具有以下几个特点：

（1）培训周期短

多旋翼植保无人机操纵简单、起降方便、不需要专门的起降场地，这是其能够迅速扩大应用领域的内在原因。目前兴起的智能多旋翼植保无人机甚至已经具备自动作业的能力，这使得多旋翼植保无人机的操作员培训具有培训周期短、培训成本低、对人员素质要求较低的特点。

（2）高效作业

多旋翼植保无人机的作业效率是人工作业速度的 50 倍以上，并且由于引入了航线规划系统，可以避免重喷、漏喷带来的作业效果下降。在目前农村土地流转逐渐加速的前提下，耕地将越来越集中，传统打药方式将成为高效农业的阻碍。如果几千亩面积的耕地突然发生大面积病虫害，使用人力喷洒根本无法快速全部覆盖，使用农业植保无人机可以快速完成大面积农作物病虫害的防治作业，如图 2-9 所示。

图 2-9　植保无人机集群高效作业

（3）良好的作业效果

多旋翼植保无人机在作业时具有强烈的下行气流，可使药雾快速直达作物，且下行气流可对作物进行摇动，促进药雾更好地到达作物叶子的背面以及根茎部。另外，现在越来越多的多旋翼植保无人机可以进行作业航线规划，有效地避免了重喷与漏喷。

（4）环保安全

我国每年因为人工喷药而导致农药中毒的有上万人，其中有一定比例造成死亡。农药喷洒人员处于药雾环境当中，一旦保护不当或者喷雾器出现"跑冒滴漏"的情况，作业人员极易发生农药中毒。人工植保作业环境如图 2-10 所示。使用多旋翼植保无人机进行作业可使人员远离作业区域，保证了人员安全。

图 2-10　人工植保作业环境

同时，飞防植保属于高浓度、低容量作业，其作业方式具有节水、省药的特点，有效减少了农药残留及土壤农药污染问题，并且规模化的喷洒方式有利于对农作物质量的控制。

2.2 飞行平台构造

2.2.1 控制系统

植保无人机的控制系统包括无人机植保综合管理模块、高度控制子模块、航路导航控制子模块和喷洒控制子模块；其特点是：精准、高效、智能。

植保无人机飞控和一般无人机飞控不同，其行业应用特性决定了它应具有以下功能。

1. 自主飞行

支持全程自主飞行，可根据预先测绘的航线与设置的飞行参数实现一键起飞，按照预定航线自动飞行以及自动降落，无需摇杆操作。

2. 精准喷洒

针对不同作物和作业环境设定飞行速度和喷洒流量，确保精准喷洒，亩用量恒定，并支持避障停喷、断点续喷。

3. 智能规划

支持不规则地块的快速测绘，自动完成航线规划，并根据作业需求预设飞行和喷洒参数。

4. 安全稳定

采用工业级元器件、传感器，耐极端环境。支持热插拔、宽电压输入，内置UPS断电记忆。多项备份冗余设计，确保系统安全、稳定飞行。

5. RTK高精度定位

RTK定位技术为农田测绘、无人机飞行提供厘米级的高精度定位，同时具有强大的抗磁干扰能力，保障无人机在高压线、矿区等强磁干扰环境下也能稳定飞行。

6. 航线避障

提供基于GNSS RTK精确定位的航线避障功能，可在测绘阶段标识出障碍物，并自动生成避障航线，保证飞行安全。

7. 双链路传输

无人机、智能手持终端与云端信息相互联通，在为大片农田进行超视距作业时，智能终端能与云端通信，实时查看飞行器的飞行和喷洒参数，实现远程监控。

8. 农田扫边

针对形状复杂的农田边界提供基于GNSS RTK精准定位的自动扫边功能，保证作业效果，无需人工补充作业。

植保无人机专用飞控如图2-11所示。

图 2-11 植保无人机专用飞控

　　植保无人机飞控相对于消费级无人机飞控来说，各项技术要求要高得多，必须稳定性强、环境适应性良好；按航路行进时保持相对作物的高度不变；抗磁干扰性能高；对障碍物进行自动规避；飞控能根据地面站规划好的航线进行自主巡航；地面站可以实现一对多，即一站多机，以最少的人力达到更高的效率。

2.2.2　动力系统

　　飞行器动力装置是为飞行器提供动力、推进飞行器前进的装置，包含航空器发动机以及保证发动机正常工作所需的系统和附件。

　　电动无人机动力系统主要由桨叶、电子调速器（电调）、电动机和电池组成，飞控将控制信号发送给电调，电调输出三相脉动直流驱动电动机转动，电动机再带动桨叶旋转，桨叶产生反作用力带动机体飞行。

　　无人机使用电动机作为动力具有其他动力装置无法比拟的优势，如结构简单、质量轻、使用方便、转换效率高、噪声低、红外特征小、维护简单等优点，同时又能提供与燃油机相近的功率。

　　无人机使用的电动机主要分为两类：有刷电动机与无刷电动机；由于有刷电动机（见图 2-12）的效率低下、易磨损、易产生干扰，在无人机上已经很少使用，目前主要以无刷电动机为主。

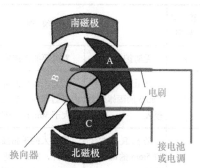

图 2-12　有刷电动机的工作原理图

　　无刷直流电动机（见图 2-13）由电动机主体和驱动器组成，是一种典型的机电一体化产品。无刷直流电动机是采用半导体开关器件来实现电子换向的，即用电子开关器件代替传统的接触式换向器和电刷。无刷直流电动机由永磁体转子、多极绕组定子、位置传感器等组成。无刷电动机的优点有

　　1）无电刷，低干扰；

　　2）噪声低，运转顺畅；

　　3）寿命长，维护成本低。

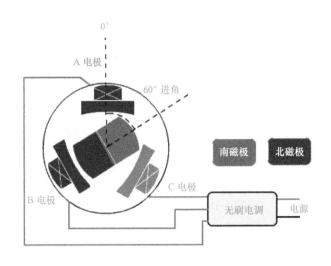

图 2-13 无刷电动机的工作原理图

植保无人机的工作环境恶劣，机身长期处于酸碱、强腐蚀等有害药雾中，为了保障植保无人机的稳定、长时间工作，需要将无人机绝大部分元件密封处理，避免元件受损；大疆和极飞是国内主流的两大品牌，两者的植保无人机在外观设计上都努力做到平滑、尽量减少凹凸不平的地方，以方便作业后飞机的清洁。植保无人机的电动机、电调、电池更是专门设计，在防止药雾进入的同时还要保证工作时产生的热量能正常发散出去，植保无人机必须具有一定的防尘、防水性能才可以达到实用效果。IP 防护等级见表 2-3。

表 2-3 IP 防护等级

第1位数字	保 护 级 别		第2位数字	保 护 级 别	
0	无防护	对外界的人或物无特殊的防护	0	无防护	对水或湿气无特殊的防护
1	防止直径大于50mm 的固体外物侵入	防止人体因意外而接触到电器内部的零件，防止较大尺寸（直径大于 50mm）的外物侵入	1	防止水滴浸入	垂直落下的水滴（如凝结水）不会对电器造成损坏
2	防止直径大于12.5mm 的固体外物侵入	防止人的手指接触到电器内部的零件，防止中等尺寸（直径大于 12.5mm）的外物侵入	2	倾斜15°时，仍可防止水滴浸入	当电器由垂直倾斜至15°时，滴水不会对电器造成损坏
3	防止直径大于2.5mm 的固体外物侵入	防止直径或厚度大于 2.5mm的工具、电线及类似的小型外物侵入而接触到电器内部的零件	3	防止喷洒的水浸入	防雨或防止与垂直的夹角小于 60°的方向所喷洒的水侵入电器而造成损坏
4	防止直径大于1.0mm 的固体外物侵入	防止直径或厚度大于 1.0mm的工具、电线及类似的小型外物侵入而接触到电器内部的零件	4	防止飞溅的水浸入	防止各个方向飞溅而来的水侵入电器而造成损坏
5	防止外物及灰尘	完全防止外物侵入，虽不能完全防止灰尘侵入，但灰尘的侵入量不会影响电器的正常运作	5	防止喷射的水浸入	防持续至少 3min 的低压喷水

（续）

第1位数字	保护级别		第2位数字	保护级别	
6	防止外物及灰尘	完全防止外物及灰尘侵入	6	防止大浪浸入	防持续至少 3min 的大量喷水
			7	防止浸水时水的浸入	在深达 1m 的水中防 30min 的浸泡影响
			8	防止沉没时水的浸入	在深度超过 1m 的水中防持续浸泡影响。准确的条件由制造商针对各设备指定

大疆 T20 和极飞 XP2020 最新型的植保无人机部分防护等级已达到 IP67，即防止灰尘吸入（整体防止接触，防护灰尘渗透）；防护短暂浸泡（防浸）。植保无人机的专用无刷电动机如图 2-14 所示。

图2-14 植保无人机的专用无刷电动机

1. 动力电源

1992 年 Sony 公司成功开发出锂聚合物电池。由于锂电池具有工作电压高、体积小、质量轻、能量高、无记忆效应、无污染、自放电小、循环寿命长等优点，广泛应用于移动电话、笔记本计算机、无人机等电子设备。

无人机动力电源主要为无人机提供电能，目前主要以锂聚合物电池为主，它是锂离子电池的改良型，没有电池液，改用聚合物电解质，比锂离子电池稳定，其特点是能量密度大、质量轻、耐电流数值较高等。锂电池的标准电压为 3.7V，充电截止电压为 4.2V，放电截止电压为 2.75V，存储电压为 3.8～3.9V。锂电池由满电到空电的放电过程的电压值并不是线性变化的，而是一条曲线。锂电池在刚开始放电时，电压降低的速度比较接近于线性变化，而后逐渐平缓并持续较长一段时间，之后电压迅速降低。从放电曲线上可以看出，电池放电电流越大、放电容量越小、电压下降得更快。大疆与极飞植保无人机的锂电池如图 2-15 所示。

图 2-15　植保无人机锂电池

在实际使用过程中 4.2V 的电压往往是不够的，需要将多节锂电池串联来提高电压。例如，1 节锂电池称为 1S 电池，2 节锂电池串联起来称为 2S，3 节、4 节或 6 节串联的分别称为 3S、4S 和 6S。3 节锂电池串联如图 2-16 所示，其电压为 3.7V×3=11.1V。

图 2-16　3 节锂电池串联

在日常使用中还经常碰到电流偏小的情况，这时需要将电池并联，用 P 代表电池并联的数量，锂电池并联如图 2-17 所示。

图 2-17　锂电池并联

锂电池标签上除了标明电池节数之外，还会注明电池的电量，表示电池能够存储的电能，单位为毫安时（mAh）。锂电池的另一个重要参数是放电倍率，用 C 来表示，代表按照电池的标称容量最大可达到的放电电流。例如，一个 1 000mAh、10C 的电池，最大放电电流为 1 000mAh×10C=10 000mA=10A。植保无人机因其工作环境恶劣、负载大，所以需要多节锂电池串、并联，以形成高电压和大电流，这就要求电池必须牢固可靠地包装，以确保人员和电池的安全。

2．调速系统

电动机的调速系统简称为电调（Electronic Speed Controller，ESC）。根据电动机的不同可分为有刷电调和无刷电调。电调的作用就是根据控制信号来调节电动机的转速。大疆植保无人机的电调如图 2-18 所示。

图 2-18　大疆植保无人机的电调

电调的连接方法：

电调的电源输入线与电池连接；电调的输出线（有刷两根、无刷 3 根）与电动机连接；电调的信号线与飞控或接收机连接。

电调一般有电源输出功能（BEC），即在信号线的正负极之间有 5V 左右的电压输出，一般可以通过信号线为接收机、舵机等设备供电。由于电调相对其他元件来说易于损坏，如果飞机或载荷的价值量比较大，不建议使用电调 BEC 给飞控等重要元件直接供电，需另外使用降压模块进行单独供电。

如果发现电动机反转，只需要把这 3 根线中的任意两根对换位置即可。

3. 螺旋桨

螺旋桨是直接将机械能转换为推力的部件。螺旋桨有正桨（右旋前进的桨）与反桨（左旋前进的桨）两种类型，电动机驱动螺旋桨转动时，旋翼给空气作用力矩（或称转矩），空气在同一时间以大小相等、方向相反的反作用力矩作用于旋翼（或称反转矩），从而再通过旋翼将这一反作用力矩传递到机体上，如果不采取措施予以平衡，那么这个反作用力矩就会使机体反向旋转，但如果使用两个电动机，一个电动机正向旋转、一个电动机反向旋转，就可以互相抵消这种反扭力。电动机、电调和螺旋桨的搭配应协调，这样在相同的推力下可消耗更少的电量，能延长无人机的续航时间，如图 2-19 所示。

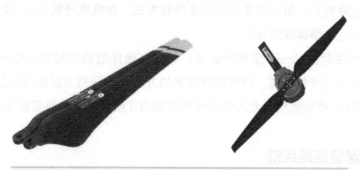

图 2-19　植保无人机的螺旋桨

当发动机的功率增加但转速又不能无限增大的时候，只能增加桨叶的数量以产生更大的升力（拉力）。

2.2.3 导航定位系统

卫星定位系统即全球定位系统（Global Positioning System）。简单地说，这是一个由覆盖全球的 24 颗卫星组成的卫星系统。这个系统可以保证在地球上的任意时刻、任意一点都同时观测到 4 颗卫星，以保证卫星可以采集到该观测点的经纬度和高度，在地球上的任意一点都可以同时收到 3 颗以上的卫星信号。卫星在运动的过程中会不断地发出电波信号，信号中包含各种数据包，GPS 接收机通过计算来自多颗卫星的数据包以及时间信号，清楚地计算出自身与每一颗卫星的距离，并使用三角向量关系计算出自己所在的位置。极飞、大疆的 RTK 天线系统如图 2-20 所示。

图 2-20 极飞、大疆的 RTK 天线系统

目前全球导航系统有美国的 GPS、俄罗斯的 GLONASS、欧盟的 GALILEO 和中国的北斗，除此 4 大全球导航系统外，还有日本的 QZSS 和印度的 IRNSS 两个区域系统。无人机导航、定位装置大致可分为自主式与非自主式两类；无人机的机载导航系统主要有惯性导航、无线电导航、卫星导航、组合式导航等，目前北斗已经和 GPS 签署兼容协议，可以为用户提供更加精确的导航数据，国内无人机一般可接收到近 20 颗 GPS 和北斗导航卫星的信号。

无人机在执行远程任务时，其活动半径已超出地面站观察和测控的范围（使用卫星通信和中继通信的除外），所以需要采用自主导航方式，由机载导航设备（如惯导、GPS 导航系统等）独立完成精确导航任务。

现代农业需要解决的一个重要问题是：如何在确保防治效果的前提下减少农药施用量，避免农药污染与降低残留。目前比较成熟的方法是在导航卫星的基础上增加地面基站或 RTK 差分系统，可以使植保无人机达到厘米级的导航精度，从而实现按需精准施药。

2.2.4 通信链路系统

无人机通信链路是无人机系统的重要组成部分，是飞行器与地面系统联系的纽带，主要指用于无人机系统传输控制、无载荷通信、载荷通信 3 部分信息的无线电链路。根据 ITU-R M.2171 报告给出的定义，无人机系统通信链路是指控制和无载荷链路，主要包括指挥与控制（C&C）、空中交通管制（ATC）以及感知和规避（S&A）这 3 种链路，也常被称为数据链。随着无线通信、卫星通信和无线网络技术的发展，无人机数据链的性能也得到了大幅提升。数据链传输系统是无人机系统的重要组成部分，用于完成对无人机的遥控、遥测、跟踪定位及传感器信息的传输，具有统一的消息格式和波形规范，有传输距离远、传输速度快和系统容量大的特点。

无人机数据链按照传输方向可以分为上行链路和下行链路。上行链路主要完成地面站到无人机遥控指令的发送和接收，下行链路主要完成无人机到地面站的遥测数据以及红外或电视图像的发送和接收，并根据定位信息的传输利用上下行链路进行测距，数据链性能直接影响到无人机性能的优劣。

控制站与无人机之间进行的实时信息交换需要通过通信链路来实现。地面控制站需要将指挥、控制以及任务指令及时传输到无人机上，同样，无人机需要将自身状态（速度、高度、位置、设备状态等）以及相关任务数据发回地面控制站。民用无人机系统一般使用点对点的双向通信链路，也有部分无人机系统使用的是单向下传链路。

2.2.5 航线规划

无人机航线规划是指根据无人机需要完成的任务、无人机的数量以及携带任务载荷的类型对无人机制定飞行路线并进行任务分配，目前已涵盖航拍、农业、物流、测绘、安防等领域。

航线规划的主要目标是依据地形信息和执行任务的环境条件信息，综合考虑无人机的性能、到达时间、耗能、威胁以及飞行区域等约束条件，为无人机规划出一条或多条自出发点到目标点的最优或次优航迹，保证无人机高效、圆满地完成飞行任务。无人机的任务规划需要实现以下功能：

1）任务分配功能，充分考虑无人机自身性能和携带载荷的类型，可在多任务、多目标情况下协调无人机及其载荷资源之间的配合，以最短时间和最小代价完成既定任务。

2）航线规划功能，在无人机避开限制风险区域以及能耗最小的原则上，制定无人机的起飞、着陆、接近任务点、离开任务点、返航及应急飞行等任务过程的飞行航迹，如图 2-21 所示。

3）仿真演示功能，能够实现飞行仿真演示、环境威胁演示、监测效果显示。可在数字地图上添加飞行路线来仿真飞行过程，检验飞行高度、能耗等飞行指标的可能性；可在数字地图上标志飞行禁区，使无人机在执行任务过程中尽可能避开这些区域；可进行基于数字地图的合成图像计算，显示不同坐标与海拔位置上的地景图像，以便地面操作人员为执行任务选取最佳方案。

图 2-21　航线规划

做无人机航线规划的时候一定要考虑以下几个约束条件。

（1）飞行环境限制

无人机在执行任务时，会受到如禁飞区、障碍物、险恶地形等复杂地理环境的限制，因此在飞行过程中应尽量避开这些区域，可将这些区域在地图上标志为禁飞区域，以提升无人机的工作效率。此外，飞行区域内的气象因素也将影响任务效率，应充分考虑大风、雨雪等复杂气象条件下的气象预测与应对机制。

（2）无人机的物理限制

无人机对飞行航迹的物理限制如下。

1）最小转弯半径：由于无人机飞行转弯形成的弧度将受到自身飞行性能的限制，只能在特定的转弯半径内转弯。

2）最大俯仰角：限制了航迹在垂直半径范围内转弯。

3）最小航迹段长度：无人机飞行航迹由若干个航点与相邻航点之间的航迹段组成，在航迹段飞行途中沿直线飞行，而达到某些航点时有可能根据任务的要求而改变飞行姿态。最小航迹段长度是指限制无人机在开始改变飞行姿态前必须直飞的最短距离。

4）最低安全飞行高度：限制通过任务区域的最低飞行高度，防止飞行高度过低而撞击地面，导致坠毁。

（3）飞行任务要求

无人机具体执行的飞行任务主要包括到达时间和目标进入方向等，需满足以下要求。

1）航迹距离结束，限制航迹长度不大于预先设定的最大距离。

2）以固定的目标进入方向，确保无人机从特定角度接近目标。

当预先具备完整精确的环境信息时，可一次性规划自起点到终点的最优航迹。而实际情况是难以保证获得的环境信息不发生变化；另一方面，由于任务的不确定性，无人机常常需要临时改变飞行任务。在环境变化区域不大的情况下，可通过局部更新的方法进行航迹的在线重新规划；而当环境变化区域较大时，无人机任务规划系统则应具备航线重新规划功能。

无人机航线规划是植保无人机能否正常作业的重点，航线规划的好坏决定了无人机能否对整个区域全覆盖、不飞出边界、不重复、不遗漏地扫描喷洒作业。

2.3 喷洒系统

2.3.1 喷洒系统的组成与结构

喷洒系统包括继电器、电动泵和喷头组。继电器与电动泵连接，用于控制电动泵开关；电动泵通过药液管与喷头组连接；喷洒控制信息输出接口与继电器连接，飞控处理单元依据是否到达喷雾区域进行继电器开关的控制，从而控制电动泵是否进行喷雾作业。植保无人机喷洒系统主要包括药箱、水泵、软管和喷头，主要使用的喷头有两种：压力喷头和离心喷头。配好的农药装入药箱，水泵提供动力引流，再通过导管到达喷头，将农药均匀喷洒到作物表面。

药箱（见图2-22）设计的关键是要防止药液振荡，因为在植保无人机喷洒过程中，无人机稳定的飞行状态是喷洒均匀的关键。

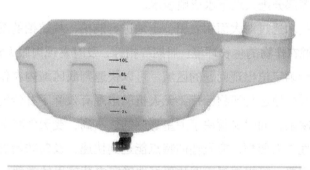

图 2-22 药箱

植保无人机使用的水泵通常分为蠕动泵、齿轮泵和高压泵。齿轮泵也叫正排量装置，它像一个缸筒内的活塞，当一个齿进入另一个齿的流体空间时，因为液体压缩比很小，所以液体和齿就不能在同一时间占据同一空间。这样液体就被机械性地排开，水泵每转一转排出的液体量是一样的，如图2-23所示。

压力泵 蠕动泵

图 2-23 喷洒系统中的水泵

蠕动泵又称为恒流泵或软管泵,是一种可控制流速的液体的精密输送装置。常见的是通过重复压缩弹性管使管中内容物朝一定方向运动,其流速由管的直径和压缩速度决定。蠕动泵就是将软管装在转子和定子之间,以此达到泵送的目的。通过使用稳定的电动机、标准的泵头和精确的电子控制技术,蠕动泵每转一圈,所泵出的容积是恒定不变的,其排出来的液体重现精度最高可以达到 5‰,一般情况可达到 ±1%,因此蠕动泵也叫恒流泵。蠕动泵在恒流和高精度的情况下可以轻松地通过改变泵的转速来实现流量的自由调节和校准。同时,蠕动泵还具有双向输送功能,只要改变泵转轮的方向就可以实现反抽和回吸功能。

2.3.2　流量控制与精准喷洒系统

传统的均量施肥会导致田间一些地方施肥过量而另一些地方施肥不足,超过植物所需的过量施用造成过多部分进入地下水或地表水。

无人机以遥感技术通过对大面积农田、土地进行航拍,从航拍的图片、摄像资料中可以充分、全面地了解农作物的生长环境、周期等指标,及时发现肉眼无法发现的病虫草害、细菌侵袭等问题并精确定位出现问题的区域,可以快速判断区域内农作物的患病范围及患病类型,从而有针对性地进行药物治疗。无人机的出现有效弥了补传统监测设备作业范围小、实时监测难等缺陷,同时又解决了卫星遥感的成本高、受天气状况影响大等问题,针对农田病虫害多发性、大面积、突发性的特点能达到快速、及时防治的效果,极大满足了现代农业精准化的需要。可根据遥感图片更好地确定农药施用的类型、数量和位置。

低空喷雾作业中最需要完善的问题是提升药液的雾化,从而降低雾滴飘移,这样就能够大大提升雾滴于作物中的穿透性,还可以提高叶面沉积率,进一步提升农药的利用率。按照低空飞行无人机的状态能够有效控制精量喷雾,决定其类型,还可以根据无人机与作物长势的特点,做出合适的喷施指令,借助可控制药装备实施,比如改变喷雾的流量、压力及高压静电等参数,达到最佳喷施效果。按照无人机的实时信息,如飞行高度、飞行速度等,依据施药的深度要求,通过实时计算获取药液喷施流量。为了更好地控制喷洒速度、控制其精准度,需要借助流量测量仪来获取当前的喷洒流量,借助 PI 控制进一步实现快速精准流量控制,从而保障每一处喷洒的药量均衡,使植保无人机的亩喷洒量保持恒定不变,不随飞行速度的改变而改变。

当植物受到病虫侵害的时候,农作物因缺乏营养和水分而生长不良,海绵组织受到破坏,叶子的色素比例也会发生变化,使得可见光区的两个吸收谷不明显,0.55μm 处的反射峰值按植物叶子被损害的程度而变低,近红外处的变化更为明显,峰值变低甚至消失,整个反射光谱曲线波状特征不明显。无人机上搭载了多光谱数字照相机采集光谱影像,可获取高精度的监测数据、作物长势情况,对不健康作物都用坐标准确标注,多光谱照相机如图 2-24 所示。

图 2-24 多光谱照相机

根据遥感照片，通过计算机分析处理给出如何治疗的精准处方。植保无人机根据处方，利用流量计、GPS 等设备实现在病虫害重的地方喷药、没病的地方不喷药，实现精准作业的目的。无人机喷洒系统对流量精准控制程度日渐提高，推动植保行业向着"精准作业""智能化作业"方向发展。不同作物对药量和浓度的需求不一样，喷洒系统需要对药液流速进行精准的监测和控制，要求实时获取流量反馈数据；另外一个就是流量的反向控制，要求根据飞行状态，及时、智能地调整药液喷洒量。无人机在飞防作业时，喷洒系统需要根据无人机的飞行状态进行变量喷洒，飞行速度快就需要加大喷洒量，反之就要减少喷洒量，否则容易出现用药不足，无法控制病虫害，或因喷洒量过大而产生药害。

2.3.3 压力雾化系统

压力雾化系统的相关配件如图 2-25 所示。其中，压力喷头的原理是通过压力泵对药液施加一定的压力，使药液在通过喷嘴时在压力作用下破碎成细小液滴，药液的雾滴直径一般在 70 ~ 120μm，主要受喷嘴压力及孔径的影响。压力喷头的优点是药液下压力较大，产生的药液飘移量较小，在干旱地区的蒸发量较小；缺点是药液雾化不均匀，雾滴直径相差较大。常见的压力喷头有扇形、空心锥喷头等，如图 2-26 所示。

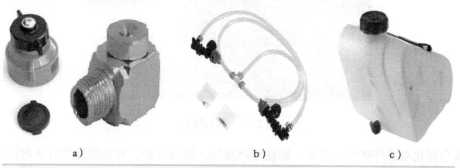

图 2-25 压力雾化系统的相关配件

ⓐ 压力喷头　ⓑ 喷头套装　ⓒ MG-1 药箱

图 2-25　压力雾化系统的相关配件（续）

d) 离心喷头　e) 流量计　f) P20 药箱

图 2-26　扇形、空心锥喷头

2.3.4　离心雾化系统

离心喷头的原理是通过电动机带动离心喷头高速旋转将药液破碎后利用离心力甩出。优点是药液雾化均匀，雾滴直径相差不大；缺点是离心喷头的配件很容易出现问题，寿命较短，更换频率较高，而且离心喷头基本上没有什么下压力，完全凭借无人机的风场下压，相比较压力喷头而言飘移量更大，对于高秆作物和果树来说效果较差。离心喷头如图 2-27 所示。

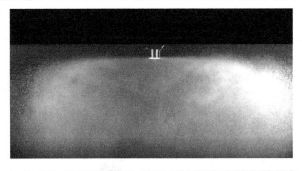

图 2-27　离心喷头

离心雾化与液体物性、流量、圆盘形状直径、转速有关。雾化的发生有 3 种情况：

（1）直接分裂成液滴

当液体流量很少时，液体受离心力的作用在圆盘边上隆起成半球状，其直径取决于离心力和液体的黏度及表面张力。当离心力大于表面张力时，圆盘周边的球状液滴立即被抛出而分裂雾化。

（2）丝状割裂成液滴

当液体流量较大且转速加快时，半球状液体被拉成许多丝状射流边的液丝数目也增加，液量达到一定数量后，液丝变粗、液量增加，而丝数不再增加。抛出的液丝极不稳定，在离周边不远处即被分裂雾化成球状小液滴。

（3）膜状分裂成液滴

当液体流量继续增加时，液丝数量与丝径均不再增加，液丝间相互合并形成薄膜，抛出的液膜离圆盘周边一定距离后分裂成分布较广的液滴。若将圆盘转速提高，液膜便向圆盘周边收缩。若液体在圆盘表面上的滑动能减到最小，则可使液体以高速喷出，在圆盘周边与空气发生摩擦时分裂雾化，即为速度雾化。

❖ 拓展阅读

　　我国无人机制造产业的发展历程是从"跟跑"到"并驾齐驱"，再到"弯道超车"的奋斗史。这一过程中，我国无人机领域的技术突破尤为显著。以大疆、极飞等企业为代表，它们不仅在国内市场占据重要地位，更在全球市场上展现出强大的竞争力。大疆创新在全球消费级无人机市场中几乎占据了垄断地位，其产品以卓越的性能和创新的设计赢得了国际市场的广泛认可。极飞科技在农业植保无人机领域深耕多年，其产品在精准农业应用方面表现出色，具备高效的农药喷洒和农田监测功能，在农业无人机市场有较高的知名度和市场份额。

　　在农业领域，植保无人机的应用不仅提高了农业生产效率，还减少了农药的使用，体现了绿色植保理念。通过学习植保无人机技术，我们不仅能够掌握先进的农业科技，更能够为国家的农业发展和生态文明建设做出贡献，践行科技报国的使命。

思考题

1. 简述植保无人机的概念、按照不同的分类依据可以分为哪些植保无人机。

2. 简述多旋翼植保无人机按照不同分类依据可以分为哪些类别。

3. 简述多旋翼植保无人机的性能特点。

4. 简述植保无人机的飞控有什么特点。

5. 简述有刷电动机与无刷电动机的区别。

6. 阐述喷洒系统由哪几部分组成。

7. 植保无人机是否可以直接用水冲洗机体？

8. 压力雾化系统与离心雾化系统各有什么优缺点？

常见病虫草害
识别与化学防治

第3章

本章重点

本章介绍了水稻稻瘟病、纹枯病、稻曲病，小麦赤霉病、纹枯病、白粉病、锈病及玉米大小叶斑病等主要病害的发病症状；描述了稻田害虫中的螟虫、稻纵卷叶螟、稻飞虱，麦田黏虫、蚜虫、麦蜘蛛及玉米螟等常见害虫的形态特征，对稗草、千金子、鸭舌草、莎草等稻田杂草，荩草、看麦娘、繁缕、荠菜等麦田杂草及马唐、牛筋草、马齿苋、田旋花等玉米田常见杂草的形态识别特征进行了概述，介绍了目前防治这些病虫草害的适用药剂及推荐剂量。

学习目标

了解水稻、小麦、玉米等作物的常见病虫草害的发病症状、形态特征，对主要病虫草害基本能够识别，掌握常见病虫草害防治的适用药剂及推荐剂量。

影响农作物病虫草害科学防治的因素有：农药选购、施药时期、施药方法、作物与靶标、药后的田间管理等。正确识别病虫草害基本特征并准确分析为害情况是合理选择农药与剂量、确定防治时期与施药方法、进行科学防治的首要前提。本章对水稻、小麦、玉米等作物常见病虫草害的基本特征、适用药剂及剂量等进行了概述。

3.1 水稻病虫草害

水稻是我国的主要粮食作物，而水稻病虫草害是影响水稻产量的重要因素。水稻病虫草害种类很多，我国正式记载的病害达 70 余种，有记载的害虫种类 250 种以上，杂草种类 100 多种。

3.1.1 常见水稻病害

1. 稻瘟病

稻瘟病在水稻整个生育期都可能发生，危害水稻的各个部位，其中以叶瘟、穗颈瘟最为常见，危害较大。

叶瘟有急性型、慢性型、白点型和褐点型 4 种类型病斑，以慢性型病斑最常见。其典型症状为：病斑为梭形或长梭形，外围有黄色晕圈，内部为褐色，中心灰白色，有褐色坏死线贯穿病斑并向两头延伸。潮湿时多在病斑背面产生灰绿色霉层。

穗颈瘟和枝梗瘟发生在穗颈、穗轴、枝梗上，病斑不规则，呈褐色或灰黑色。穗颈受害早的形成白穗，颈易折断；枝梗受害早的会形成花白穗；受害迟的，会使谷粒不充实，粒重降低，如图 3-1 所示。

防治药剂：穗颈瘟在破口初期可用 75% 三环唑可湿性粉剂 30g，或 40% 稻瘟灵乳油 100mL，或 40% 稻瘟酰胺悬浮剂 50mL，或 9% 吡唑醚菌酯微囊悬浮剂 60mL 加水 45kg 喷雾。防治稻瘟病的药剂还有嘧菌酯、春雷霉素、蜡质芽孢杆菌、多菌灵、福美双、咪鲜胺等。

图 3-1　水稻叶瘟（慢性与急性）（左）与穗颈瘟（右）

2. 纹枯病

纹枯病是水稻常发性的重要病害，在全国大部分稻区都有发生。纹枯病主要危害叶鞘、茎秆，其次危害叶片。病斑为椭圆形，中央为灰白色，边缘为暗褐色，许多病斑连在一起形成云纹状。湿度大时在病部长出白色或灰白色菌丝体，呈蜘蛛网状，最后形成暗褐色的菌核，如图 3-2 所示。

图 3-2　水稻纹枯病

防治药剂：240g/L 噻呋酰胺悬浮剂 20～30mL/亩，或 430g/L 戊唑醇悬浮剂 10～15mL/亩，或 250g/L 嘧菌酯悬浮剂 50～70mL/亩，或 20% 井冈霉素可溶粉剂 35～50g/亩，或 75% 肟菌·戊唑醇水分散粒剂 10～15g/亩，或 30% 苯甲·丙环唑悬浮剂 15～20mL/亩，或 30% 苯甲·嘧菌酯悬浮剂 30～40mL/亩。还可选用氟环唑、己唑醇、枯草芽孢杆菌、井·戊唑醇、烯肟·戊唑醇、噻呋·戊唑醇、噻呋·嘧菌酯等药剂。

3. 稻曲病

稻曲病在长江中游及江南部分稻区的单季稻上发生较重，近年在全国稻区有加重趋势。稻曲病在水稻开花后至乳熟期均可发生，受害谷粒初期在颖壳合缝处露出青黄色的小突起，逐渐膨大，最后包裹全粒，色泽转为墨绿色，表面发生龟裂，布满墨绿色，如图 3-3 所示。

图 3-3　稻曲病

防治药剂：430g/L 戊唑醇悬浮剂 12～15mL/亩，或 125g/L 氟环唑悬浮剂 40～50mL/亩，或 1% 申嗪霉素悬浮剂 60～90mL/亩，或 30% 已唑醇悬浮剂 15～20mL/亩，或 20% 烯肟·戊唑醇悬浮剂 40～53mL/亩，或 14% 井冈·氟环唑悬浮剂 20～40mL/亩，或 75% 戊唑·嘧菌酯水分散粒剂 10～15g/亩等。

3.1.2　常见水稻害虫

1. 水稻螟虫

水稻螟虫是钻蛀性害虫的统称，主要包括鳞翅目螟蛾科的二化螟、三化螟，鳞翅目夜蛾科的大螟等，是我国水稻主产区最为常见、危害最烈的一类害虫，俗称"钻心虫"或"蛀心虫"。

形态特征：

二化螟：成虫为灰黄至淡褐色，前翅近长方形，中央无黑点，外缘有 6～7 个小黑点，排成 1 列。雌蛾腹部为纺缍形，雄蛾腹部为细圆筒形。幼虫为淡褐色，体背有 5 条紫色纵纹。

三化螟：成虫为淡黄白色，前翅近三角形。雌蛾前翅中央有 1 个小黑点；腹部末端有棕黄色绒毛；雄蛾前翅黑点不明显，从顶角至内缘有褐色斜纹 1 条，腹部末端无棕黄色绒毛。幼虫体细瘦，为乳白色或淡黄绿色，有 1 条半透明的背线。

大螟：成虫为淡褐色，前翅近长方形，翅中部有 1 条明显暗褐色带，其上下方各有 2 个黑点。幼虫体粗壮，头为红褐色，胴部背面为紫红色如图 3-4 和图 3-5 所示。

图 3-4 二化螟、三化螟、大螟成虫

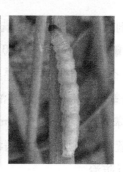

图 3-5 二化螟、三化螟、大螟幼虫

防治药剂：每亩可选用 5% 氯虫苯甲酰胺超低容量液剂 30～40mL/亩、20% 氯虫苯甲酰胺 10mL、240g/L 甲氧虫酰肼悬浮剂 23.5～27.8mL/亩、5% 甲氨基阿维菌素水分散粒剂 15g、20% 二嗪磷超低容量液剂 200～250mL/亩、50% 二嗪磷乳油 60～100mL/亩、48% 毒死蜱（乐斯本）乳油 80～100mL、10% 甲维·茚虫威可分散油悬浮剂 10～12mL/亩、20% 阿维·甲虫肼悬浮剂 30mL、17% 毒·阿维乳油 80mL，加水 45kg 喷雾。还可选用三唑磷、杀虫双、乙酰甲胺磷、丙溴磷、呋虫胺、多杀·甲维盐、阿维·毒死蜱等药剂。

2. 稻纵卷叶螟

稻纵卷叶螟属鳞翅目螟蛾科，是为害水稻的一种迁飞性害虫，在我国大部分稻区均有发生。

形态特征：

成虫为黄褐色小型蛾，前翅的前缘、外缘和后翅外缘均有灰黑色宽带。翅中间有两条灰黑色横纹，前翅的两条横纹中间还有 1 条灰黑色短纹，雄蛾在短纹上有瘤状毛块突起。

一龄幼虫的头为黑色，体细小，中、后胸斑纹不明显；二龄幼虫的头为淡褐色，前胸背板有两个黑点，中、后胸斑纹可见；老熟幼虫的头为褐色，体为绿色，后转橘黄色或橘红色，前胸背板有 4 个黑点，气门周围为黑褐色，如图 3-6 所示。

图 3-6　稻纵卷叶螟幼虫和成虫

防治药剂：20% 氯虫苯甲酰胺（康宽）悬浮剂 10 ～ 12mL、30% 茚虫威水分散粒剂 9g、22% 氰氟虫腙悬浮剂 30 ～ 50mL/ 亩、5% 甲氨基阿维菌素水分散粒剂 15g、100 亿孢子 / 毫升短稳杆菌悬浮剂 60 ～ 100mL、16 000IU/mg 苏云金杆菌可湿性粉剂 150g、50% 杀螟硫磷（杀螟松）乳油 50 ～ 100mL、10% 阿维·甲虫肼悬浮剂 40 ～ 50mL/ 亩、6% 阿维·氯苯酰悬浮剂 45 ～ 50mL/ 亩、10% 甲维·茚虫威悬浮剂，加水 50 ～ 60kg 喷雾。也可以用甘蓝夜蛾核型多角体病毒、毒死蜱（乐斯本）、丙溴磷、多杀霉素、球孢白僵菌等药剂进行防治。

3. 稻飞虱

稻飞虱是危害水稻的同翅目飞虱科害虫的统称，其中对水稻危害较大的主要有褐飞虱、白背飞虱和灰飞虱 3 种。褐飞虱是单食性害虫，白背飞虱和灰飞虱的寄主种类较多。

形态特征：

褐飞虱：成虫体为淡褐至黑褐色，有油状光泽，前胸背板及小盾片上有 3 条黄褐色隆起纵线。

白背飞虱：成虫体为淡黄至黄色，头顶突出，小盾片两侧为黑色，雄虫小盾片中间为淡黄色，翅末端为茶色，雌虫小盾片中间为姜黄色。

灰飞虱：成虫体为黄褐至黑褐色，雌虫小盾片中央为淡黄或黄褐色，两侧各有 1 个半月形黄褐色斑，雄虫小盾片为全黑色，如图 3-7 所示。

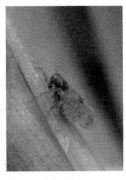

图 3-7　褐飞虱、白背飞虱和灰飞虱成虫（长翅型）

防治药剂：25%吡蚜酮可湿性粉剂20～30g/亩、10%烯啶虫胺水剂20～30mL/亩、30%噻虫嗪悬浮剂8～16mL/亩，或20%噻虫胺悬浮剂18～24mL/亩，或20%呋虫胺悬浮剂25～30mL/亩、20%异丙威（叶蝉散）乳油150～200mL/亩、50%混灭威乳油100～150mL/亩、50%吡蚜·异丙威水分散粒剂30～50g/亩，或80%烯啶吡蚜酮水分散粒剂5～10g/亩等，兑水50～60kg喷雾。还可选用氟啶虫胺腈、吡虫啉、噻嗪酮、醚菊酯、仲丁威、噻嗪·异丙威、吡蚜·速灭威、噻虫·吡蚜酮等药剂。

3.1.3 常见稻田杂草

1. 稗草

一年生草本。秆直立，光滑无毛；叶条形、无叶耳叶舌；叶鞘下部者长于节间，上部者短于节间；花序为圆锥形、尖塔形；颖果为椭圆形、黄褐色。稗草外形和水稻极为相似。稗属有许多常见变种：光头稗、旱稗、孔雀稗、无芒稗、西来稗等，如图3-8所示。不同学者对变种的划分观点不同，但在实际防控中很少将其细分。

图3-8 稗草成株与不同变种穗部

2. 千金子

一年生草本。秆直立、丛生，基部膝曲或倾斜，着土后节上易生不定根；叶鞘无毛，多短于节间；叶片扁平或卷折，无叶耳，叶舌膜质，常具小纤毛；圆锥花序；小穗多带紫色；颖果为长圆形，如图3-9所示。

图3-9 千金子

图 3-9 千金子（续）

水稻、稗草和千金子的区别如图 3-10 所示。

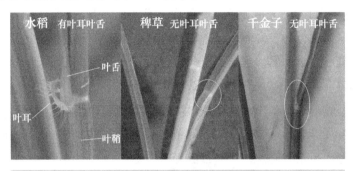

图 3-10 水稻、稗草和千金子的区别

3. 碎米莎草

一年生草本。秆丛生，扁三棱形；叶片为长线形，短于秆；叶鞘为红棕色；长侧枝聚伞花序复出，辐射枝穗状花序；小穗直立、压扁，长圆卵形；小坚果为倒卵形或椭圆形、三棱形，褐色。

4. 异型莎草

一年生草本。秆丛生，扁三棱形；叶短于秆，上表面中脉具纵沟，背面突出成脊；叶鞘为褐色；长侧枝聚伞花序简单、少量复出，辐射枝头状花序、球形，具极多数小穗；小穗为披针形；小坚果为倒卵状椭圆形、三棱形，淡黄色，如图 3-11 所示。

图 3-11 莎草幼苗（左）与碎米莎草（右上）和异型莎草（右下）

5. 野荸荠

多年生草本。具匍匐根状茎；秆丛生、直立、圆柱状，灰绿色；无叶，只在秆基部有 2～3 个叶鞘；叶鞘为管状、膜质，紫红色、淡褐色或草黄色，光滑无毛；小穗为圆柱状，淡绿色；小坚果为宽倒卵形，双凸状，黄褐色，表面细胞呈四至六角形，顶端不缢缩，如图 3-12 所示。

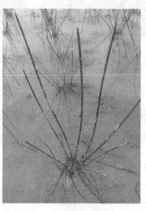

图 3-12　野荸荠

6. 陌上菜

一年生草本。成株根细密成丛；茎方，基部分支，无毛；叶无柄，叶片为椭圆形至长圆形，顶端钝至圆头，全缘或有不明显的钝齿，两面无毛；花单生于叶腋，花梗纤细无毛，花冠为粉红色或紫色；蒴果为球形或卵球形，膜质；种子多数，有格纹，如图 3-13 所示。

图 3-13　陌上菜

7. 水苋菜

一年生草本。全株光滑无毛；茎直立，有四楞，多分枝，带淡紫色，具狭翅；叶对生，长椭圆形、矩圆形或披针形，生于茎上的叶长可达 7cm，生于侧枝的较小，长 5～15mm，顶端为短尖或钝形，基部渐狭，短柄或近无柄；聚伞花序腋生，有短梗，花密集，通常无花瓣；蒴果为球形，紫红色，中部以上不规则盖裂；种子极小，近三角形，黑色，如图 3-14 所示。

图 3-14　水苋菜、多花水苋与耳叶水苋

8. 节节菜

一年生草本。茎略成四楞，光滑，略带紫红色，有分枝，基部着生不定根；叶对生，无柄，倒卵形、椭圆形或近匙状，叶缘有软骨质狭边；穗状花序腋生，花瓣为淡红色，极小；蒴果为椭圆形，表面具横条纹；种子极细小，狭卵形，褐色，如图 3-15 所示。

图 3-15　节节菜及其花冠

9. 丁香蓼

一年生草本。茎近直立或斜上，下部为圆柱状，上部为四棱形，多分枝，常为紫红色，无毛或疏被短毛；叶互生，具柄，叶片披针形或长圆状披针形，先端尖或稍钝，基部楔形，全缘，近无毛或幼时脉上疏生微柔毛；叶柄稍具翅，托叶几乎全退化；花单生于腋，无梗，花瓣为黄色，倒卵形；蒴果为线状柱形，淡褐色；种子为椭圆形，棕黄色或粉红色，表面有深色纵纹，如图 3-16 所示。

图 3-16　丁香蓼

10. 鸭舌草

一年生草本。成株根状茎极短，具柔软须根；茎直立或斜上，全株光滑无毛；叶基生或茎生，纸质，上表面光亮，叶片形状和大小变化较大，由心状宽卵形、长卵形至披针形，顶端短突尖或渐尖，基部圆形或浅心形，全缘，具弧状脉；叶柄长，基部扩大成开裂的鞘，鞘顶端有舌状体；总状花序于叶鞘中抽出，花为蓝色或紫色；蒴果为卵形至长圆形，种子多数为椭圆形，灰褐色，具纵条纹，如图 3-17 所示。

图 3-17　鸭舌草及其花冠

11. 矮慈姑

多年生草本。成株须根发达，白色，具地下根茎，顶端膨大成小形球茎；叶基生，条形或稀披针形，光滑，先端渐尖或稍钝，基部鞘状，通常具横脉；总状花序，轮生，雌花无梗，雄花具梗，花瓣为 3 瓣、白色；蒴果为阔卵形，顶部为圆形，基部狭窄，边缘具狭翅，果喙自腹侧伸出，如图 3-18 所示。

图 3-18　矮慈姑及其花冠

防治药剂：

茎叶喷雾防治一年生禾本科杂草，可于杂草 1.5～2.5 叶期、不超过 3～5 叶期，用 10% 五氟磺草胺可分散油悬浮剂 12～20mL/亩、或 10% 恶唑酰草胺乳油 60～80mL/亩、或 30% 恶嗪草酮悬浮剂 5～10g/亩、或 5% 嘧啶肟草醚乳油 40～50mL/亩、或 60g/L 五氟·氰氟草可分散油悬浮剂 100～165mL/亩、或 17% 氰氟·二氯喹可分散油悬浮剂 100 ～ 150mL/ 亩、或 12% 氰氟·精恶唑水乳剂 80 ～ 100g/ 亩、或 10% 恶唑·氰氟乳油 120 ～ 150mL/ 亩。单独防治稗草可用 25% 二氯喹啉酸悬浮剂 50 ～ 100mL/ 亩、或 34% 敌稗乳油 589 ～ 882mL/ 亩；防治千金子可用 30% 氰氟草酯可分散油悬浮剂 20 ～ 30mL/ 亩；防治马唐可用 10% 恶唑酰草胺乳油 60 ～ 80mL/ 亩。

防治一年生阔叶杂草及莎草科杂草，可用 480g/L 灭草松水剂 150 ～ 200mL/ 亩、或 56% 2 甲 4 氯钠可溶粉剂 50 ～ 75g/ 亩、或 53% 2 甲 4 氯二甲胺盐水剂 30 ～ 40mL/ 亩、或 35% 氯吡嘧磺隆水分散粒剂 5.8 ～ 8.6g/ 亩、或 10% 苄嘧磺隆可湿性粉剂 15 ～ 25g/ 亩、或 5% 吡嘧磺隆可分散油悬浮剂 30 ～ 45mL/ 亩、或 20% 氯氟吡氧乙酸乳油 50mL/ 亩、或 460g/ 升二甲·灭草松可溶液剂 100 ～ 120mL/ 亩。

3.2 小麦病虫草害

我国种植的麦类作物主要是小麦和大麦，燕麦、黑麦等很少。其中小麦的种植面积约 2 400 万公顷，面积和产量仅次于水稻。麦类作物病虫草害种类很多。目前已有记载的小麦病害有 200 多种、大麦病害 70 多种，我国发生较重的有 20 多种；我国已知为害小麦的害虫有 100 多种，影响较大的约 20 种；麦田杂草有 200 余种，发生普遍、为害较重的有近 30 种。

3.2.1 常见小麦病害

1. 赤霉病

小麦赤霉病在全国各地均有分布，以长江中下游冬麦区和东北春麦区发生最重，近年来，又成为江淮和黄淮冬麦区的常发病害。

症状：赤霉病在小麦生长的各个阶段都能为害，苗期侵染引起苗腐，中、后期侵染引起秆腐和穗腐，尤以穗腐危害性最大。一般在扬花期侵染，灌浆期显症，成熟期成灾。赤霉病侵染初期在颖壳上呈现边缘不清的水渍状褐色斑，渐蔓延至整个小穗，病小穗随即枯黄。发病后期在小穗基部出现粉红色胶质霉层，如图 3-19 所示。

图 3-19 赤霉病的田间为害情况

防治药剂：可每亩用 25% 氰烯菌酯悬浮剂 100mL，或 48% 氰烯·戊唑醇悬浮剂 60mL，或 30% 丙硫菌唑可分散油悬浮剂 40 ~ 45mL/亩，或 40% 丙硫菌唑·戊唑醇悬浮剂 30 ~ 50mL/亩，或 430g/L 戊唑醇悬浮剂 25mL，或 75% 肟菌·戊唑醇水分散粒剂 20g。也可用叶菌唑、多菌灵、甲基硫菌灵、咪鲜胺、戊唑·多菌灵、多·酮、戊唑·咪鲜胺、戊唑·福美双等药剂。

2. 纹枯病

小麦纹枯病广泛分布于我国各小麦主产区，尤以江苏、安徽、山东、河南、河北、陕西、湖北及四川等省份的麦区发生普遍且为害严重。发生后，造成的产量损失一般在 10% 左右，严重时可达 30% ~ 40%。

症状：小麦纹枯病主要发生在叶鞘和茎秆上。在幼苗期叶鞘表现为典型的黄褐色梭形或眼点状病斑；拔节后在基部叶鞘上形成中间灰色、边缘棕褐色的云纹状病斑；后期病斑侵入茎壁后，形成中间灰褐色、四周褐色的近圆形或椭圆形眼斑。麦株中、下部叶鞘病斑表面产生白色霉状物，最后形成许多散生圆形或近圆形的褐色小颗粒状菌核，如图 3-20 所示。

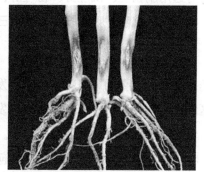

图 3-20　小麦纹枯病为害情况

防治药剂：在小麦拔节前可用 240g/L 噻呋酰胺悬浮剂 15 ~ 20mL/亩、或 430g/L 戊唑醇悬浮剂 25mL、或 12.5% 烯唑醇可湿性粉剂 32 ~ 64g、或 20% 井冈霉素可湿性粉剂 30g、或 20% 氰烯·己唑醇悬浮剂 110 ~ 140mL、或 250g/L 丙环唑乳油 30 ~ 40mL/亩、或 75% 肟菌·戊唑醇水分散粒剂 15 ~ 20g/亩、或 50% 苯甲·丙环唑水乳剂 12 ~ 18mL/亩。也可用井冈·蜡芽菌、戊唑·嘧菌酯、井冈·三唑酮、氟环·多菌灵等药剂防治。

3. 白粉病

小麦白粉病广泛分布于我国各小麦主要产区，以四川、贵州、云南、河南、山东等地发生最为普遍，近年来该病在东北、华北、西北麦区的发生有趋重之势。小麦受害后，一般可造成减产 10% 左右，严重的达 50% 以上。

症状：白粉病在小麦各生育期均可发生，可侵害小麦植株地上部各器官，但以叶片和叶鞘为主。典型病状为病部表面覆有一层白色粉状霉层，后期霉层渐变为灰色至灰褐色，上面散生黑色小颗粒（闭囊壳），如图3-21所示。

图3-21 小麦白粉病为害情况

防治药剂：可选用15%三唑酮可湿性粉剂50～65g/亩、或250g/L丙环唑乳油30～50mL/亩、或12.5%烯唑醇可湿性粉剂32～48g/亩、或33%井·蜡芽可湿性粉剂50g/亩。还可选用腈菌唑、戊唑醇、粉唑醇、咪鲜胺、吡唑醚菌酯、多·酮、丙环·福美双、醚菌·氟环唑、戊唑·咪鲜胺、硫磺·三唑酮等药剂。

4. 锈病

小麦锈病在我国主要的下麦种植区均有发生。小麦条锈病主要发生于西北、西南和黄淮等冬麦区和西北春麦区，小麦秆锈病主要发生在东北、内蒙古和西北春麦区，小麦叶锈病在西南、华北、西北和东北麦区渐趋严重。

症状：叶锈病主要为害小麦叶片，产生疱疹状铁锈色病斑，很少发生在叶鞘及茎秆上。夏孢子堆为圆形至长椭圆形，橘红色，比秆锈病小，较条锈病大，呈不规则散生，成熟后表皮开裂一圈，散出橘黄色的夏孢子；冬孢子堆主要发生在叶片背面和叶鞘上，圆形或长椭圆形，黑色，扁平，排列散乱，但成熟时不破裂。有别于秆锈病和条锈病。

条锈病的成株叶片初发病时夏孢子堆为小长条状，鲜黄色，椭圆形，与叶脉平行，且排列成行，像缝纫机轧过的针脚一样，呈虚线状，后期表皮破裂，出现锈褐色粉状物。后期病部产生黑色冬孢子堆。冬孢子堆短线状，扁平，常数个融合，埋伏在表皮内，成熟时不开裂，别于小麦秆锈病。

秆锈病主要发生在叶鞘和茎秆上，也为害叶片和穗部。夏孢子堆大，为长椭圆形，深褐色或褐黄色，排列不规则，散生，常连接成大斑，成熟后表皮易破裂，表皮大片开裂且向外翻成唇状，散出大量锈褐色粉末，即夏孢子。小麦成熟时，在夏孢子堆及其附近出现黑色椭圆至长条形冬孢子堆，后表皮破裂，散出黑色粉末状物。3种锈病的区别可用"条锈成行叶锈乱，秆锈是个大红斑"来概括，如图3-22所示。

图 3-22　小麦叶锈病、秆锈病和条锈病为害情况（从上至下）

防治药剂：可于发病初期用 15% 三唑酮可湿性粉剂 60 ～ 80g/ 亩、或 50% 粉唑醇可湿性粉剂 8 ～ 12g/ 亩、或 12.5% 氟环唑悬浮剂 48 ～ 60mL/ 亩、或 430g/L 戊唑醇悬浮剂 12 ～ 15mL/ 亩、或 250g/L 丙环唑乳油 30 ～ 50mL/ 亩、或 30% 吡唑醚菌酯悬浮剂 25 ～ 30mL/ 亩。也可用嘧啶核苷类抗菌素、百菌清、醚菌酯、嘧菌酯、氟环·多菌灵、烯肟·戊唑醇、苯甲·丙环唑、氟环·嘧菌酯、硫磺·三唑酮等药剂。

3.2.2　常见小麦虫害

1. 小麦黏虫

黏虫，成虫体长 15 ～ 20mm，翅展 40 ～ 45mm。虫体为淡黄褐至灰褐色，前翅前缘和外缘颜色较深，常呈现数个小黑点，环纹为圆形黄褐色，肾纹为淡黄色，分界都不明显。

后翅暗褐色，同基部色渐淡。

幼虫一般为 6 龄。体色随龄期、密度、食物等环境因子由淡绿至浓黑变化。体表有许多纵行条纹，中线白色边缘环绕黑色线纹，两条背线为红褐色，亚背线为蓝色边缘环绕白色线纹，如图 3-23 所示。

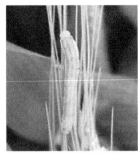

图 3-23　小麦黏虫

防治药剂：可于卵孵盛期至幼虫 3 龄前用 45% 马拉硫磷乳油 85 ～ 110mL/ 亩、或 25% 除虫脲可湿性粉剂 10 ～ 20g/ 亩，或 30% 乙酰甲胺磷乳油 120 ～ 240mL/ 亩、或 80% 敌百虫可溶粉剂 350 ～ 700 倍液、或 25g/L 溴氰菊酯乳油 10 ～ 15mL/ 亩、或 25g/L 高效氯氟氰菊酯乳油 12 ～ 20mL/ 亩。

2. 麦蚜

为害小麦的主要有麦长管蚜、麦二叉蚜、禾缢管蚜、麦无网长管蚜。

麦长管蚜：体色黄绿至绿色，腹部背面两侧有褐斑。触角比身体长，第二节有感觉孔 8 ～ 12 个，前翅中脉分三叉，腹管长，超过腹部末端。

麦二叉蚜：体色绿色，背中线深绿色，触角比身体短，第三节有感觉孔 5 ～ 9 个，前翅中脉分二叉，腹管短，多不超过腹部末端。

黍缢管蚜：体色暗绿带紫褐色，腹背后方中央有褐斑，触角比身体短，第三节有感觉孔 20 ～ 30 个左右，前翅中脉分三叉，腹管近筒形，端部收缩。但在小麦蚜虫防治中一般不将其细分，如图 3-24 所示。

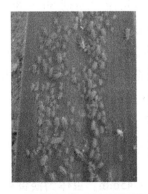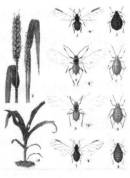

图 3-24　小麦蚜虫

防治药剂：可每亩用 10% 吡虫啉可湿性粉剂 20～40g，或 25% 吡蚜酮可湿性粉剂 15～20g，或 21% 噻虫嗪悬浮剂 4～5g，兑水 30kg 喷雾。也可用马拉硫磷、啶虫脒、氯氰菊酯等药剂防治。

3. 麦蜘蛛

麦圆蜘蛛：雌成虫体卵圆形，深红褐色，体背有横刻纹 8 条；足 4 对，第 1 对足最长。若螨共 4 龄，第 1 龄体圆形，足 3 对，红褐色，称为幼螨；2 龄以后足 4 对，取食后渐变为暗绿色，似成螨。

麦长腿蜘蛛：雌成虫形似葫芦状，黑褐色，体背有不太明显的指纹状斑；背刚毛短，共 13 对，纺锤形；足 4 对，第 1 对足特别发达，中垫爪状，具 2 列黏毛。若螨共 3 龄，第 1 龄体圆形，足 3 对，鲜红色，称幼螨；第 2、3 龄足 4 对，取食后变为黑褐色，似成螨，如图 3-25 所示。

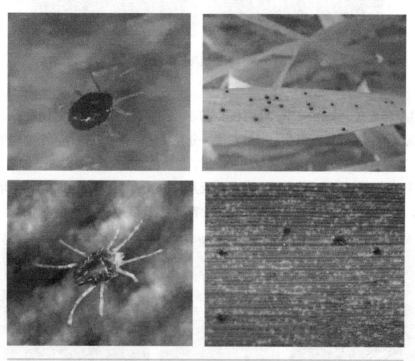

图 3-25　麦圆蜘蛛与麦长腿蜘蛛

防治药剂：可用 1.5% 阿维菌素超低容量液剂 40～80mL/ 亩、或 4% 联苯菊酯微乳剂 30～50mL/ 亩、或 20% 马拉·辛硫磷乳油 45～60g/ 亩、或 20% 联苯·三唑磷微乳剂 20～30mL/ 亩等防治。

3.2.3　常见麦田草害

1. 看麦娘、日本看麦娘

看麦娘，一年生或越年生。秆单生或少数丛生，节处常膝曲；苗期叶色暗绿，茎基部略带紫色；叶鞘光滑，短于节间，叶舌膜质；圆锥花序紧密呈圆柱状，灰绿色；小穗为椭圆形或卵状长圆形，长 2 ～ 3mm；颖膜质，基部连合，有 3 脉，脊上有纤毛；外稃膜质，先端钝，等大或稍长于颖，基部边缘连合；花药为橙黄色。

日本看麦娘与看麦娘同科同属，形态近似，区别在于小穗长 5 ～ 6mm，花药为白色或淡黄色，如图 3-26 所示。

图 3-26　看麦娘与日本看麦娘

2. 菵草

一年生。秆直立，具 2 ～ 4 节；叶鞘长于节间，无毛；无叶耳；叶舌透明膜质；叶片扁平，粗糙或下面平滑，基部阔而抱茎；圆锥花序，分枝稀疏，直立或斜升；小穗扁平，圆形或倒卵圆形，灰绿色；花药为黄色；颖果为长圆形，深黄色，先端具丛生短毛，如图 3-27 所示。

适生于湿地、沟渠、稻茬麦田、油菜田及其田埂等处；为长江流域及西南地区麦油田主要杂草，尤在地势低洼、土壤黏重的田块危害严重。

图 3-27　菵草

3. 野燕麦

一年生或二年生旱地杂草。秆直立，光滑，具 2 ～ 4 节；叶扁平，略扭曲，有白色蜡粉，两面疏生柔毛；叶鞘松弛，叶舌透明膜质；圆锥花序开展，分枝具棱、粗糙；小穗稀疏，细柄弯曲下垂，顶端膨胀，小穗轴节间常密生淡棕色或白色硬毛；颖果为纺锤形，披淡棕色绒毛，腹面有纵沟，如图 3-28 所示。

生于农田、路旁、荒地等；分布于我国南北各省区，以西北、东北地区为害最为严重。

图 3-28　野燕麦

4. 节节麦

越年生或一年草本。秆直立、丛生，基部弯曲；叶鞘紧密包茎，平滑无毛而边缘具纤毛；叶舌薄膜质；叶片微粗糙，腹面疏生柔毛；穗状花序为圆柱形，小穗为圆柱形，颖革质；颖果为暗黄褐色，椭圆至长椭圆形，先端具密毛，腹面较平或凹入，如图 3-29 所示。

多生于荒地或麦田中；在江苏、安徽、山东、河南、宁夏等省、自治区均有发生。

图 3-29　节节麦

5. 早熟禾

越年生杂草。成株矮小，秆丛生、直立或基部稍倾斜；叶鞘稍压扁，长于节间，光滑无毛，自中部以下闭合；叶舌薄膜质、圆头形；叶片扁平或对折，质地柔软，先端为船形，边缘微粗糙；圆锥花序为宽卵形；小穗为卵形，绿色；颖质薄，具宽膜质边缘；颖果为纺锤形，具三棱、深黄褐色，如图 3-30 所示。

生于农田、路边，几乎遍布全国。

6. 繁缕

一年生或二年生草本。茎细弱，下部卧伏，常假二叉分枝，常带淡紫红色，披毛；叶片为卵形，基部圆形，顶端渐尖或急尖，两面无毛；基生叶具长柄，上部叶常无柄或具短柄；二歧聚伞花序顶生，花瓣白色；蒴果为卵形，具多数种子；种子为卵圆形至近圆形，稍扁，红褐色，边缘有数列半球形瘤状凸起，脊较显著。

多见于麦田和油菜田，是早春主要杂草，为害较重，分布几乎遍布全国各地。

图 3-30　早熟禾

7. 牛繁缕

一、二年生或多年生草本。株形似繁缕且粗大；根须状；茎圆柱状，带紫色，下部卧伏，上部斜立，有分枝，略有短柔毛，叶对生，膜质，卵形或宽卵形，顶端渐尖，基部心形，全缘或波状，上部叶无柄，基部略包茎，下部叶有柄；聚伞花序顶生，花梗细长，有毛，花瓣白色；蒴果卵形，种子肾圆形，褐色，表面有疣状突起，如图 3-31 所示。

生于农田、路旁、荒地及园圃中，喜潮湿环境，低洼地发生严重，是我国夏熟作物田的恶性杂草，长江流域、华南和西南的北部都有严重为害的报道。

图 3-31　繁缕与牛繁缕

8. 泥胡菜

一年生或二年生杂草。茎直立，单生，具纵楞，披稀疏白色丝状毛，上部常分枝；基生叶为莲座状，有柄，叶片长椭圆形或倒披针形，羽状分裂，裂片三角形；中部叶为椭圆形，无柄，羽状分裂；上部叶为披针形；全部茎叶质地薄，两面异色，上面绿色，无毛，下面灰白色，披厚或薄绒毛；头状花序，于茎顶排列成伞房状；花紫红色，管状；瘦果圆柱形略扁平，冠毛白色，羽状，如图 3-32 所示。

生于路边、荒地、田边等，常侵入夏收作物田为害，分布于全国各地，在长江流域局部农田为害严重。

图 3-32 泥胡菜

9. 小藜

一年生草本。茎直立，分枝，有角棱及绿色条纹；叶互生，有柄；下部叶近基部有二裂片，两面疏生粉粒；中部叶片为长圆状卵形，先端钝，基部楔形，边缘有波状齿；上部的叶片渐小，狭长，有浅齿或近于全缘；叶柄细长而弱；圆锥状花序腋生或顶生，披粉粒；胞果全体包于花被内；种子横生，扁圆形，双凸镜状，黑色，有光泽，如图 3-33 所示。

生于湿润具有轻度盐碱的沙性土壤，为害麦类、油菜、玉米、棉花等，发生量大，为害重，是区域性的恶性杂草，除西藏外各地都有分布。

图 3-33 小藜

10. 碎米荠

二年生草本。茎直立或斜升，下部有时为淡紫色，披柔毛；基生叶有柄，单数羽状复叶；顶生小叶为肾形或肾圆形；茎生叶为狭倒卵形至线形；全部小上面及边缘有疏毛；总状花序初期为伞房状，后渐长，生于枝顶，花小，花梗纤细；花瓣为白色，倒卵状；长角果为线形，稍扁，无毛；种子为椭圆形，褐色，表面光滑，如图 3-34 所示。

生于田边、路边、坡地等，为夏熟作物田常见杂草，在长江流域局部地区的油菜田为害较重。

图 3-34　荠菜

11. 播娘蒿

一年生或二年生草本。成株有叉状毛；茎直立，有分枝，密披淡灰色柔毛；

叶为狭卵形，二、三回羽状全裂，末端裂片为条形或长圆形；下部叶具柄，上部叶无柄；总状花序为伞房状，顶生，花瓣为黄色，长圆状倒卵形；长角果为狭条形，无毛，果瓣中脉明显；种子为长圆形，如图 3-35 所示。

生于农田、路旁、沟边和荒地，喜湿润环境，在华北地区是为害小麦的主要恶性杂草之一，广泛分布于我国华北、东北、西北、华东、西南等地。

图 3-35　播娘蒿

12. 大巢菜

二年生或一年生蔓性草本。成株茎粗壮有棱，多分支，表皮为深褐色；偶数羽状复叶，椭圆形或卵圆形，先端截形，基部楔形，两面疏生黄色柔毛，叶顶端变为卷须，托叶戟形；总状花序，腋生，花冠为白色、粉红色、紫色或雪青色，长约 6mm；荚果为长圆形或条形，略扁，两面急尖，表皮棕色，长约 2.5～4.5cm，含种子 4～8 粒；种子肾形，表皮为红褐色，如图 3-36 所示。

生于山坡、沟边、路旁和农田，为夏熟作物田为害较严重的杂草，冬麦区发生普遍，春麦区也有发生，分布遍及全国各地。

图 3-36 大巢菜

13. 小巢菜

一年生蔓性草本。茎纤细，有楞，基部分枝，无毛或披疏柔毛；偶数羽状复叶，有分枝卷须，托叶为半边戟形；小叶为长圆形或倒披针形，先端为截形；总转花序，腋生，花冠为白色或淡紫色，长约 3.5mm；荚果为长圆形，扁，长约 8mm，披黄色长柔毛，含种子 1、2 粒；种子为近球形，稍扁，黄褐色或棕色，光滑有光泽。小巢菜和大巢菜主要通过叶片、花瓣和荚果大小区分。

生于旱作地、路边、荒地，有些地区在麦田及豆类田间为害比较严重，是长江以南麦田的重要杂草，在陕西、江苏、安徽、浙江、江西、河南、湖北、湖南、四川等地都有分布。

14. 通泉草

一年生草本。成株主根伸长，垂直向下或短缩，须根纤细，多数散生或簇生，着地部分节上常能长出不定根；茎直立或斜倾，分枝多而披散；基生叶有柄，叶片为倒卵形或倒卵状匙形，膜质至薄纸质，边缘具不规则粗钝锯齿，基部为楔形，下延成带翅的叶柄；茎生叶对生或互生；总状花序顶生，常在基部即生花，花冠为紫色或蓝色；蒴果为球形，无毛；种子为斜卵形或肾形，淡黄色，如图 3-37 所示。

生于农田、荒地、路旁、田边等，为小麦、油菜、棉花、豆类等旱作地常见杂草。危害性一般，遍布全国。

图 3-37 通泉草

15.阿拉伯婆婆纳

二年生或一年生草本。成株全体披柔毛；茎下部伏生地面，基部多分枝，斜上；叶在基部对生，上部互生，卵圆形或肾状圆形，每边有 2 ～ 4 个深刻的钝齿，两面披白色长柔毛，下部叶常有柄，上部叶无柄；总状花序单生，有柄，花冠为淡蓝色，有放射状深蓝色条纹；蒴果近于肾形，密披腺毛，有网纹；种子为舟形或长圆形，表面有皱纹，如图 3-38 所示。

生于农田、路旁或荒地，为夏熟作物田常见杂草，长江中下游发生较多，为害较重，分布于我国华东、华中、云南、贵州等地。

图 3-38　阿拉伯婆婆纳

防治药剂：

以禾本科杂草为主的麦田，可每亩选择 50g/L 炔草酸·唑啉草酯乳油于冬前用60 ～ 80mL、春季用 80 ～ 100mL；或 4% 啶磺草胺可分散油悬浮剂 15 ～ 25mL/ 亩；或15% 炔草酯可湿粉于冬前用 20 ～ 30g，春季用 30 ～ 40g；或 6.9% 精恶唑禾草灵乳油于冬前用 80 ～ 100mL、早春用 100 ～ 120mL 等；或 30g/L 甲基二磺隆可分散油悬浮剂春季用20 ～ 35mL/ 亩，每亩兑水 40kg 均匀喷雾。以菵草等禾本科杂草为主的田块，每亩用 5%唑啉草酯乳油 80 ～ 100g 加 50% 异丙隆可湿性粉剂 150 ～ 200g。以日本看麦娘、看麦娘等禾本科杂草为主的田块，亩用 4% 啶磺草胺可分散油悬浮剂 15 ～ 25mL/ 亩加 50% 异丙隆可湿性粉剂 150 ～ 200g。

防除阔叶草可在冬小麦返青期或分蘖盛期至拔节前，用 20% 氯氟吡氧乙酸乳油40 ～ 50mL、或 720g/L2, 4- 滴二甲胺盐水剂 50 ～ 90mL/ 亩、或 50% 吡氟酰草胺可湿性粉剂 25 ～ 35g/ 亩、或 50g/L 双氟磺草胺悬浮剂 5 ～ 6mL/ 亩、或 75% 苯磺隆水分散粒剂 1 ～ 2g/ 亩、或 80% 唑嘧磺草胺水分散粒剂 1.5 ～ 2.5g/ 亩、或 40% 唑草酮水分散粒剂4 ～ 6g/ 亩，或使甲合剂（20% 使它隆 25mL+20% 2 甲 4 氯水剂 150mL）、或苯甲合剂（48%苯达松水剂 100mL 与 20%2 甲 4 氯水剂 100mL 混用）、或 36% 唑草·苯磺隆可湿性粉剂7.5 ～ 10g、或 58g/L 双氟黄草胺·唑嘧磺草胺悬浮剂 9 ～ 14mL、或 20% 双氟·氟氯酯水分散粒剂 5 ～ 5.5g 加专用助剂。以上药剂兑水 40kg，均匀喷雾。

3.3　玉米病虫草害

我国玉米害虫有 250 多种，主要有以蛴螬、蝼蛄、地老虎等地下害虫、蚜虫等刺吸害虫、玉米螟等钻蛀性害虫为主。病害有 30 多种，目前发生普遍而又严重的病害有大斑病、小斑病、锈病、纹枯病、弯孢霉叶斑病、茎基腐病、丝黑穗病等。玉米田杂草有 40 多种，常见的有马唐、狗尾草、牛筋草、苋菜类、香附子、田旋花等。

3.3.1　常见玉米病害

1. 大斑病

叶片先现水渍状青灰色斑点，然后沿叶脉向两端扩展，形成边缘暗褐色、中央淡褐色或青灰色的大斑，后期病斑常纵裂。严重时病斑融合，叶片变黄枯死。潮湿时病斑上有大量灰黑色霉层，下部叶片先发病，如图 3-39 所示。

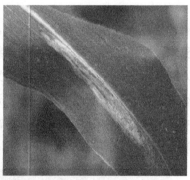

图 3-39　玉米大斑病

防治药剂：可用 45% 代森铵水剂 78 ～ 100mL/ 亩、或 25% 吡唑醚菌酯悬浮剂 40 ～ 50mL/亩，或 75% 肟菌戊唑醇水分散粒剂 15 ～ 20g/ 亩，18.7% 丙环·嘧菌酯悬浮剂 50 ～ 70mL/ 亩，22% 嘧菌·戊唑醇悬浮剂 40 ～ 60mL/ 亩，或 43% 唑醚·氟酰胺悬浮剂 15 ～ 24mL/ 亩等药剂防治。

2. 小斑病

发病初期，在叶片上出现半透明水渍状褐色小斑点，后扩大为长 5 ～ 16mm、宽 2 ～ 4mm大小的椭圆形褐色病斑，边缘为赤褐色，轮廓清楚，上有二、三层同心轮纹。病斑进一步发展时，内部略褪色，后渐变为暗褐色。天气潮湿时，病斑上生出暗黑色霉状物（分生孢子盘），如图 3-40 所示。

常和大斑病同时出现或混合侵染，因主要发生在叶部，故统称为叶斑病。其发病时间比大斑病稍早。

图 3-40　玉米小斑病

防治药剂：可用 45% 代森铵水剂 78 ～ 100mL/ 亩，或 18.7% 丙环·嘧菌酯悬浮剂 50 ～ 70mL/ 亩，22% 嘧菌·戊唑醇悬浮剂 40 ～ 60mL/ 亩或 75% 肟菌戊唑醇水分散粒剂 15 ～ 20g/ 亩等药剂防治。

3.3.2　常见玉米害虫

玉米螟

玉米螟，体背为黄褐色，腹末较瘦尖，触角为丝状，灰褐色，前翅为黄褐色，有两条褐色波状横纹，两纹之间有两条黄褐色短纹，后翅为灰褐色；雌蛾形态与雄蛾相似，色较浅，前翅为鲜黄色，线纹为浅褐色，后翅为淡黄褐色，腹部较肥胖。

老熟幼虫，体长在 25mm 左右，圆筒形，头为黑褐色，背部颜色有浅褐、深褐、灰黄等多种，中、后胸背面各有毛瘤 4 个，腹部 1 ～ 8 节，背面有两排毛瘤，前后各两个，均为圆形，前大后小，如图 3-41 所示。

图 3-41　玉米螟的卵、老熟幼虫、蛹和成虫

防治药剂：30% 乙酰甲胺磷乳油 120 ～ 240mL/ 亩，或 200 亿孢子 / 克球孢白僵菌可分散油悬浮剂 40 ～ 50mL/ 亩，或 16 000IU/mg 苏云金杆菌可湿性粉剂 250 ～ 300g/ 亩，或 14% 氯虫·高氯氟微囊悬浮剂 15 ～ 20mL/ 亩，或 40% 氯虫噻虫嗪水分散粒剂 8 ～ 12g/ 亩，或 50% 除脲·高氯氟悬浮剂 8 ～ 10mL/ 亩。

3.3.3　常见玉米田杂草

1．马唐

一年生。秆直立或下部倾斜，膝曲上升，无毛或节生柔毛。叶鞘短于节间，无毛或散生疣基柔毛；叶片线状披针形，具柔毛或无毛。总状花序；穗轴直伸或开展，两侧具宽翼，边缘粗糙，如图 3-42 所示。

图 3-42　马唐

2．狗尾草

一年生。根为须状，高大植株具支持根。秆直立或基部膝曲，叶鞘松弛，无毛、疏具柔毛或疣毛，边缘具较长的密棉毛状纤毛；叶舌极短，缘有纤毛；叶片扁平，长三角状狭披针形或线状披针形，通常无毛或疏被疣毛，边缘粗糙。圆锥花序直立或稍弯垂，主轴披较长柔毛，通常为绿色、褐黄到紫红或紫色；颖果为灰白色，如图 3-43 所示。

图 3-43　狗尾草

3．牛筋草

一年生草本。根系极发达。秆丛生，基部倾斜。叶鞘两侧压扁而具脊，松弛，无毛或疏生疣毛；叶片平展，线形，无毛或上面披疣基柔毛，有叶舌。穗状花序；囊果卵形，基部下凹，具明显的波状皱纹，如图3-44所示。

图3-44 牛筋草

4. 画眉草

一年生。秆丛生，直立或基部膝曲，光滑。叶鞘松裹茎，长于或短于节间，扁压，鞘缘近膜质，鞘口有长柔毛；叶舌为一圈纤毛，叶片线形扁平或蜷缩，无毛。圆锥花序开展或紧缩；颖果为长圆形，如图3-45所示。

图3-45 画眉草

5. 香附子

多年生草本。有长匍匐根状茎，部分肥厚成纺锤形，有时数个相连。茎直立，三棱形。叶丛生于茎基部，叶鞘闭合包于上，叶片为窄线形。花序为复穗状；小坚果为长圆倒卵形，三棱状，如图3-46所示。

图3-46 香附子

6．胜红蓟

一年生草本，无明显主根。茎粗壮，不分枝或自基部或自中部以上分枝，或下基部平卧而节常生不定根。全部茎枝为淡红色，或上部为绿色，披白色尘状短柔毛或上部披稠密开展的长绒毛。叶对生，有时上部互生，常有腋生的不发育的叶芽。中部茎叶为卵形、椭圆形或长圆形。全部叶基部为钝或宽楔形，有叶柄，两面披白色稀疏的短柔毛且有黄色腺点。伞房状花序；瘦果为黑褐色，有白色稀疏细柔毛，如图3-47所示。

图3-47　胜红蓟

7．马齿苋

一年生草本，全株无毛。茎平卧或斜倚，伏地铺散，多分枝，圆柱形，淡绿色或带暗红色。茎为紫红色；叶互生，有时近对生，叶片倒卵形，似马齿状，质感肥厚，上面为暗绿色，下面为淡绿色或带暗红色；叶柄粗短。花无梗，花瓣为黄色，倒卵形。蒴果为卵球形，种子细小，多数偏斜球形，黑褐色，有光泽，如图3-48所示。

图3-48　马齿苋

8．反枝苋

一年生草本，茎直立，粗壮，单一或分枝，淡绿色，有时具带紫色条纹，稍具钝棱，密生短柔毛。叶片为菱状卵形或椭圆状卵形，基部楔形，全缘或波状缘，两面及边缘有柔毛，下面毛较密；有叶柄，淡绿色，有时为淡紫色，有柔毛。圆锥花序顶生及腋生。种子近球形，棕色或黑色。

9. 铁苋菜

一年生草本。叶具长柄，膜质，卵状菱形或椭圆形，两面均略粗糙，先端渐尖，基部为楔形，边缘有钝齿。雌雄花同序，雄花生于花序上部，排列呈穗状或头状；蒴果小，披粗毛，如图3-49所示。

图3-49　反枝苋与铁苋菜

10. 田旋花

多年生草质藤本，近无毛。根状茎横走。茎平卧或缠绕，有棱。叶片为戟形或箭形。花腋生，花冠为漏斗形，粉红色、白色，外面有柔毛，褶上无毛。蒴果球形或圆锥状，无毛；种子为椭圆形，无毛，如图3-50所示。

图3-50　田旋花

11. 龙葵

一年生直立草本植物，茎无棱或棱不明显，绿色或紫色，近无毛或被微柔毛。叶为卵形，先端短尖，基部为楔形至阔楔形而下延至叶柄，全缘或每边具有不规则的波状粗齿，光滑或两面均披稀疏短柔毛。蝎尾状花序腋外生，近无毛或具短柔毛；花冠为白色，花药为黄色；浆果为球形，熟时黑色。种子多数，近卵形，两侧压扁，如图3-51所示。

图 3-51 龙葵

12. 苘麻

一年生亚灌木状草本，茎枝被柔毛。叶互生，圆心形，先端长渐尖，基部为心形，边缘具细圆锯齿，两面均密披星状柔毛；花单生于叶腋，花梗披柔毛；蒴果为半球形，分果片 15 ～ 20 个，披粗毛，顶端具长芒；种子为肾形，褐色，披星状柔毛，如图 3-52 所示。

图 3-52 苘麻

防治药剂：

防、除玉米田一年生禾本科杂草及阔叶杂草，可使用 720g/L 异丙甲草胺乳油 150 ～ 200mL/ 亩（春玉米）、或 15% 噻吩磺隆可湿性粉剂 10 ～ 12g/ 亩、或 73% 滴丁•乙草胺乳油 160 ～ 220mL/ 亩（春玉米）、或 81.5% 乙草胺乳油 80 ～ 100mL/ 亩、或 670g/L 异丙•莠去津悬浮剂 240 ～ 320mL/ 亩、或 75% 砜嘧•噻吩水分散粒剂 4.5 ～ 5.5g/ 亩、或 960g/L 精异丙甲草胺乳油 50 ～ 85mL/ 亩，在播后苗前土壤喷雾。或在玉米 3 ～ 5 叶期、杂草 2 ～ 4 叶期使用 9% 硝磺草酮悬浮剂 70 ～ 100mL/ 亩、或 25% 烟嘧•莠去津可分散油悬浮剂 60 ～ 80mL/ 亩、或 40g/L 烟嘧磺隆可分散油悬浮剂 70 ～ 100mL/ 亩、或 32% 丁•莠•烟嘧可分散油悬浮剂 100 ～ 150mL/ 亩（春玉米）等药剂进行茎叶喷雾。

　　我国是农业大国，保障粮食安全始终是关系国计民生的问题。在这一过程中，农业科技工作者们以高度的爱国情怀和责任担当，致力于病虫害防治技术的研究与应用，为保障国家粮食安全做出了重要贡献。同时，他们在化学防治方面不断创新，研发出高效、低毒、环保的农药产品，提高了防治效果，减少了对环境的影响。

　　在病虫害防治过程中，我国政府一直在强调植保措施要与自然生态系统和谐友好，保障农业生产及其产品质量安全。在技术应用中融入绿色发展理念，如精准施药减少农药污染，这不仅体现了对生态环境的保护，也符合"绿水青山就是金山银山"的生态意识。

思考题

1. 简述水稻三大病害的症状及防治药剂。

2. 稗草、千金子与水稻的区别特征是什么？如何进行防控？

3. 简述小麦赤霉病的症状及防治药剂。

4. 小麦锈病有哪几种，如何区别和防治？

5. 简述麦田禾本科杂草和阔叶杂草的防治药剂。

6. 如何区分玉米大小叶斑病？怎样进行防治？

植保无人机
的安全作业模式

本章主要介绍了植保无人机的作业特点、作业模式、飞行限制、影响作业安全的因素和影响作业效果的因素。详细讲解了无人机的手动作业、AB点作业和航线规划作业3种作业模式，指出了各种作业模式的定义、优缺点和注意事项，并结合实际作业情况分析了影响植保无人机作业安全的因素和影响植保作业效果的因素。

了解植保无人机作业的基本特点和作业效率，了解植保无人机的作业安全；学习并掌握植保作业的3种作业模式、作业过程中的优缺点和作业注意事项；掌握影响植保无人机作业安全的因素和影响植保作业效果的因素。

4.1 作业特点

植保无人机的作业是指喷洒农药作业，喷洒用于作物养料、土壤处理、生命繁殖或虫害控制的任何其他物质，从事直接影响农业、园林或森林保护的喷洒作业任务，但不包括撒播活体昆虫。

4.1.1 基本特点和作业效率

1．基本特点

植保无人机喷洒农药时使用低容量喷洒方式，药液稀释比例小。每亩用水量在 $0.6 \sim 2L$，稀释比例约在 $1:10 \sim 1:100$，雾滴在 $80 \sim 250\mu m$。该方式为高浓度、精准农业施药，需要的水量降低了，需要的农药也降低了，如图4-1所示。

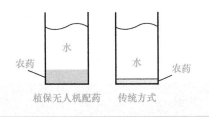

图4-1　用水量更少药液浓度更高

2．作业效率

植保无人机的作业效率是人工作业的50倍以上，单日作业依据不同机型以及不同地区的情况一般在 $150 \sim 600$ 亩。在地块平整的平原地区（如新疆、黑龙江）的作业效率相对较高，引入了航线规划系统，可以在提高整体作业效率的同时避免重喷、漏喷带来的作业效果下降；而在地形复杂的南方地区作业效率相对较低。在农村土地流转逐渐加速的前提下，耕地将越来越集中，传统打药方式将成为高效农业的阻碍。如果数千亩面积的耕地突然发生大面积虫害，使用人力喷洒根本无法快速全部覆盖，而使用植保无人机可以快速解决大面积农作物病虫草害等防治问题。

4.1.2 作业安全

我国每年因为人力喷药而导致农药中毒的人数在 10 万左右，其中有一定比例造成死亡。传统的人力农药喷洒人员处于药雾环境中，一旦保护不当或者喷雾器出现"跑、冒、漏、滴"的情况，作业人员极易出现农药中毒。而使用植保无人机进行作业可以使人员远离作业区域，从而保证了人员安全。

植保无人机的飞行速度较快且具有一定高度，相对于人工植保作业存在飘移增加和蒸发加剧的问题。飘移增加是指药剂雾滴较小，易随风飘扬，有可能飘移到作业区域以外。所以植保无人机必须在三级风以内进行作业，否则易产生飘移药害；蒸发加剧是因为雾滴较小，更容易蒸发。因此植保作业不应在高温、高光照条件下进行，防止因蒸发加剧而降低施药效果。

4.2 作业模式

目前植保无人机的主要作业模式包括手动作业、AB 点作业和航线规划作业 3 种。

4.2.1 手动作业

手动作业模式是早期最为常见的方式，所有操作都由无人机操作人员来完成，智能化程度较低。

定义：依靠无人机操作人员进行飞防的作业方式。

优势：灵活方便、无需测绘。

手动作业模式具有以下优点：

1）迅速作业，在作业之前无需其他额外操作，准备时间短；

2）地形适应能力强，在操作人员拥有良好操作技能的前提下，能够应对各种复杂地形。

劣势：植保效果不佳，易出现重喷与漏喷，操作人员工作强度大易疲劳。

手动作业模式存在以下问题：

1）操作人员作业强度高，工作时间长；

2）难以避免重喷、漏喷，对药物较为敏感的农作物作业，重喷有可能产生药害。

手动作业模式必须要有助手进行相应的观察以及报点，操作人员难以一人完成作业，也无法保障作业质量。手动作业的观察员报点示意如图4-2所示。

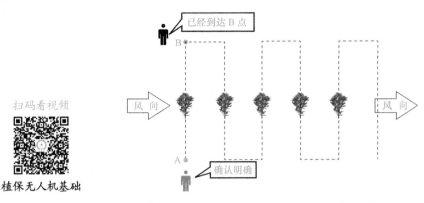

扫码看视频

植保无人机基础

图4-2 手动作业的观察员报点示意

随着植保无人机的智能化程度提高，使用手动作业的频率也逐步降低，操作人员的工作舒适度也会相应提升。但是在广阔的丘陵地区以及小块耕地范围内，手动作业模式依然会发挥它独特的作用。

手动作业模式适用于小型地块，应用于湖南以及江西的水稻田、浙江的茶树、广西的甘蔗等。

手动作业模式的注意事项：

1）不适合对重喷要求严格的除草剂作业；

2）对讲机必须保持电量充足，保证通话质量良好；

3）需要观察飞行轨迹是否符合作业要求，保证作业质量；

4）不适合两端距离在100m以上的长航线作业，难以保障作业精度。

4.2.2 AB点作业

AB点作业模式简单方便，以两点间形成直线的方式快速生成作业航线，具有操作人员工作强度低、喷洒较为均匀的特点，如图4-3所示。这种作业模式的产生解决了操作人员劳动强度高的难题。

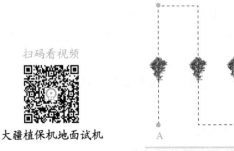

扫码看视频

大疆植保机地面试机

图4-3 AB点作业模式图例

定义：以 AB 点形成一条直线，以这条直线形成航线的自动作业方式。

优势：灵活方便、自动作业。

劣势：只适合规整地块，对于不规则地块难以进行作业。

由于其航线生成原理的限制，其航线只能是长方形或正方形，无法根据耕地实际情况做调整，所以只能在规整田块进行作业。而一些不规则地块如果使用 AB 点模式作业则需要进行相应的地形切割，使用 AB 点模式完成大部分区域，剩下的则使用手动作业来完成。

AB 点作业适用于规整地块作业，典型应用包括新疆的棉花及玉米作业、黑龙江的水稻作业等。

AB 点作业模式的注意事项：

1）A、B 点形成的直线必须与作业区域边缘平行，否则将会使航线偏离作业区域，造成无人机在飞行中与障碍物碰撞而损坏；

2）操作人员需注意每次航线到达边界时，航点位置是否有变化；

3）B 点与对面的防风林、障碍物需留有安全间隙，作业到最后一条航线时，必须确认是否有障碍物。

4.2.3　航线规划作业

航线规划作业模式能够适应绝大多数地形并全程自主作业，进一步降低了操作人员的工作强度，实现了全自主作业，如图 4-4 所示。操作人员需要更多地掌握软件使用的技巧以及航线。

扫码看视频

航线规划

扫码看视频

地块编辑

图 4-4　植保无人机的航线规划示意图

定义：对作业区域进行整体测绘，使植保无人机在规划区域进行自动作业。

优势：全自主作业、操作人员工作强度低、地形适应能力强、喷洒均匀、工作人员数量需求降低。

劣势：在作业前需要对地形进行完整测量并规划才能够进行作业，所以相对于其他作业模式需要的准备时间更多。

航线规划模式适用于中大型地块。

航线规划作业模式的注意事项：

1）提前观察障碍物并进行规划，规避作业区域内的障碍物，以避免植保无人机撞上障碍物造成损坏，避障规划如图 4-5 所示。

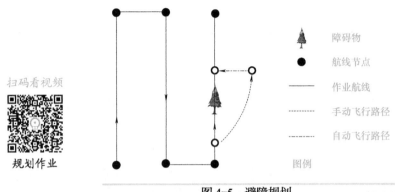

扫码看视频

规划作业

图 4-5　避障规划

2）作业前需明确标定点，必须从标定点起飞并执行纠正偏移操作，从而保证航线安全。

3）要确定好内缩距离，确保内缩距离内无障碍物。

中断后恢复作业，会有回到中断点或投影点的差别，需注意其使用区别。

1）中断点，回到作业中断时的断点，适合没有障碍物的情况；

2）投影点，回到实际位置与航线垂直投影产生的点，适合中间存在障碍物的情况（避开障碍物）。

植保无人机 3 种作业模式的对比见表 4-1，从适用田块、优劣势及典型应用进行了对比。

表 4-1　3 种作业模式对比

项　目　　作业模式	手 动 作 业	AB 点作业	航线规划作业
适应田块	小型不规则地块	规整长方形或正方形田块	中大型地块
优势	迅速作业、地形适应能力强	迅速作业、操作人员劳动强度低、喷洒均匀	操作人员劳动强度低、地形适应能力强、喷洒均匀、工作人员少
劣势	操作人员劳动强度大、易疲劳、易出现重喷、漏喷	只适合在规整田块使用	前期要进行航线规划，作业准备时间长
典型应用	5～30 亩不规整地块	30～300 亩规整地块	30～300 亩地块，田块四周通行方便

4.3 飞行限制

近年来，随着无人机行业的快速发展，使用无人机的人数迅速增加，因为违规使用或者安全观念薄弱而导致的安全事故经常发生。无序飞行不仅对人身安全也对社会秩序造成了影响。

4.3.1 无序飞行的危害

植保无人机作为民用无人机中体积和重量较大的机型，无序飞行不仅会危害航空安全，也会危害公共安全。

无人机擅自穿越民航正常飞行的航路航线和空域极易造成危险接近或空中相撞。

遥控航模无人机的理论高度和目视操作距离一般小于1000m，而警用直升机的飞行航线有时只有400m，有的低空航线飞行甚至还在这个高度之下。这样两者之间存在空中交汇冲突点，一旦发生意外，后果将不堪设想。

微型无人机会出现操作不当或者电子机械传动、无线电信号传输故障、由于飞行前检查不细而出现的意外事故等。无人机一旦出现空中故障有可能坠毁在地面，在人口密集地区出现此类问题，极有可能导致人伤物损。

2016年4月18日（当地时间4月17日），英国航空公司空客A320飞机727号航班在降落前与无人机相撞，所幸并未造成机体严重损坏，飞机顺利降落。飞机空中与飞鸟或无人机相撞有一定概率造成发动机吸入异物并停止运转，严重威胁客机的飞行安全。根据英国法律的规定，在机场周围使用无人机将面临最高5年的监禁。所以，在机场周边不应进行无人机飞行，如强行起飞将严重影响民航客机的飞行安全。

4.3.2 有序飞行

在民用航空法规和相关管理规定的允许下，植保无人机飞行应远离机场及净空保护区、政府办公区域、人员密集区域、军事相关区域和敏感设施区域。

为保证民航客机安全，依照相关法规，民用机场净空保护区域为每条跑道两端向外20km、两侧向外10km的范围。根据相关法规，在净空保护区放飞无人机的行为，不但会面临数万元的高额罚款，还将受到10日以上15日以下的行政拘留，造成严重危害的还可能触犯刑法。

远离政府办公区域，各政府驻地属于国家机关，未经允许不得擅自飞行；远离人员密集区域，大型演出、展会活动、人员集会都会产生大量密集人群，无人机在上空飞行一旦坠落将产生严重伤害。所以应禁止在密集人员上空操作无人机。

远离军事相关区域，部队驻地、部队演习区域、军事相关设施、军事相关活动、边境线、边防哨所都属于军事敏感设施或活动区域，未经允许禁止无人机进行飞行、拍摄等活动；远离敏感设施，核电站、核设施、监狱等都属于国家层面的敏感区域，未经允许绝对禁止将无人机飞行至敏感设施上空，否则将会受到法律的惩处。

4.4 影响作业安全的因素

影响植保无人机作业安全的因素包括 GPS 磁罗盘因素、地面因素、气象因素、强电磁信号源等，如图 4-6 所示。

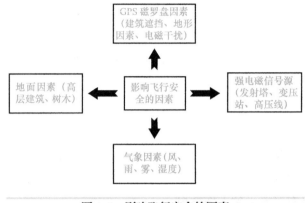

图 4-6　影响飞行安全的因素

4.4.1 气象因素

气象因素主要由风、雨、雾、湿度等因素构成。

1. 风力

风力是指风吹到物体上所表现出的力量的大小，一般根据风吹到地面或水面的物体上所产生的各种现象，把风力的大小分为 18 个等级，最小为 0 级，最大为 17 级。

风影响着无人机的稳定性、续航时间、相对地面的运动轨迹、速度和航向等，顺风飞行时续航时间将增长，逆风飞行时续航时间将缩短，所以在任何一款多旋翼无人机的使用说明书中都会明确其抗风等级。抗风能力与其机身重量、动力冗余、飞控特性息息相关，在使用任何一款无人机之前一定要明确其抗风等级，以明确其所能适应的飞行环境。

天气预报的风速都是低空风速，无人机飞到高空后风速及风向极有可能突变，远大于地面风速。这时如果风速超过多旋翼无人机的抗风能力，无人机自身动力无法抵抗强劲风速，操作将变得十分困难。大部分多旋翼无人机除特殊应用外都应在 5 级风以内进行飞行，以保证飞行安全。

2. 乱流

气流在中高空相对比较稳定，但是在地面上由于建筑、树木、地形的存在，气流在流经这些区域时会产生方向迅速变化的、不稳定的气流，称为乱流。乱流因为方向不定，会对无人机的状态造成一定的影响，所以应特别注意。乱流的影响程度，主要是风的速度以及物体的形状及大小，速度过快且混乱的乱流有可能对多旋翼无人机的飞行造成不可估计的后果。

3. 风向

风向是影响无人机飞行的重要因素，逆风飞行将降低无人机的飞行速度，而顺风飞行则相反。较大的侧风会对无人机的降落造成降落困难或者侧翻，降落时应注意风的方向。

在风速较大时，应尽量避免飞到下风向较远的距离，这是因为如果风速过快，无人机返回起飞点的过程将全程逆风，有可能导致无人机返回困难或者电量耗尽仍未回到起飞点。

而在进行植保作业时，应避免操作人员处在下风向，因为植保无人机产生的药物有可能产生飘移而随风飘散，导致操作人员吸入有毒药雾。

4. 温度

温度会影响无人机电池的放电性能。温度造成的空气密度的变化以及较大的温差造成水汽凝结也会影响无人机的状态。

温度变化会改变无人机聚合物锂电池的充放电性能。聚合物锂电池属于化学电池，充放电过程就是其内部进行化学反应的过程，低温将使电池的化学反应速率下降，造成续航时间、放电功率的改变，还会导致电压骤降和飞行动力不足。

因此，如果需要在较低温度下飞行，请务必在飞行前将电池充满电，保证电池处于高电压状态；将电池充分预热至25℃以上，建议使用电池预热器对电池进行预热；起飞后保持飞机悬停1min左右，让电池通过内部发热来充分预热，降低电池内阻。

需要注意的是在有暖气的北方，在室外温度较低时，直接将多旋翼无人机由室内带至室外将导致内部水汽凝结，有可能使飞控系统以及电子调速器受到凝水的影响而出现故障。

每一个零部件都有其正常工作的环境温度范围，若工作环境温度太高或太低，将影响其工作状态，对飞行安全造成重大影响。针对不同机型的植保无人机，在使用前需注意其工作环境的温度要求。

5. 湿度

湿度是表示大气干燥程度的物理量。一般用相对湿度（RH）、露点、气温露点差来表示。在一定的温度下在一定体积的空气里含有的水汽越少，空气越干燥；水汽越多，空气越潮湿。

潮湿空气会使多旋翼无人机的金属部分被腐蚀。金属被腐蚀后，不但会降低材料的强度、缩短使用的时间，而且有可能会造成电路短路等情况，影响无人机的正常工作。

另外，空气的相对湿度越大，表示空气中的水分子含量越大，空气的黏度也越大，多旋翼无人机快速转动的螺旋桨将受到更大的空气阻力，消耗更多电能，缩短了其续航时间。

6. 能见度

能见度是指正常视力的人在当时的天气条件下，从天空背景中能看到或辨认出目标物的最大水平能见距离。能见度距离短的飞行环境将影响操作者对飞行距离的正确判断，导致超视距飞行而影响飞行安全。

4.4.2 信号因素

多旋翼无人机在进行飞行控制时需要依靠外部的地球磁场信号以及全球定位系统来进行导航。此外，多旋翼无人机的遥控控制、图传信号的回传等也都需要通过链路系统进行传输。针对各种影响飞行安全的信号因素进行逐项分析，明确各种因素对飞行安全的影响，做到安全飞行。

1. 影响磁罗盘信号的因素

多旋翼无人机与周围的电磁环境是交互作用的，随着电子设备的应用增加，无线通信的应用范围不断扩大，地球的电磁环境越来越复杂，多旋翼无人机受到的干扰逐渐增多。

多旋翼无人机的磁罗盘（指南针）是个磁敏电阻，用特殊半导体制成，其作用是对陀螺仪进行修正。飞控里有三轴陀螺仪，分别指向空间的 x 轴、y 轴和 z 轴，测量无人机的偏航、横滚和俯仰 3 个方向的角度参数，作为姿态调整和航行控制的依据。但是陀螺仪有一个特性，随着通电时间的增加，飘移也会增加。磁罗盘通过陀螺仪对磁场变化和惯性力敏感的特性，对陀螺仪的偏差进行修正。由于磁罗盘检测的是地球磁场信号，而地球磁场信号强度较为微弱，所以磁罗盘是多旋翼无人机最容易受到干扰的传感器。如果磁罗盘受到干扰，就会给飞控提供错误的数据，当这个数据与飞控计算出的方向角偏离超过一定比例，会造成导航算法补偿过量，导致无人机突然向一个方向飞去。

造成磁罗盘信号干扰的最主要因素就是飞行环境中有含有铁磁性物质的地面或建筑，其本身带有磁场信号，并且其强度远大于地球磁场信号，会导致无人机的磁罗盘受到干扰而造成数据错误。

（1）避免在具有较强磁性的区域进行飞行

尽量避免在大块金属之上、起飞点有大量铁质、磁铁脉之上、停车场中、桥洞中、带有大量钢筋的建筑区域进行飞行，这些区域本身含有大量铁磁性物质，如果无人机与其距离过近，其自身附带的磁场信号将对无人机的磁罗盘产生干扰。

（2）多旋翼无人机闲置时间较长或位置变化较大时应重新校准磁罗盘

多旋翼无人机闲置时间过长时，其内部磁罗盘信号可能产生飘移，所以在较长时间闲置后飞行应重新校准磁罗盘。而且各个地区的地球磁场信号并不完全相同，在位置变化较大时也应重新校准磁罗盘。例如，无人机最后一次飞行是在深圳，但是第二天要到兰州进行飞行，在新的飞行之前应重新校准磁罗盘。

（3）磁罗盘校准的注意事项

手机、钥匙等物本身属于铁磁性物质，所以在做磁罗盘校准时不应携带这类物品；地球磁场信号在室内部分受建筑的影响与实际的地磁信号略有差别，所以无人机如果在室内校准了磁罗盘，在室外进行飞行时应重新进行校准。

2. 影响GPS信号的因素

GPS 信号是多旋翼无人机进行定位悬停、航线飞行的基础，如果多旋翼无人机的 GPS 信号不佳将无法实现很多自动功能甚至不能实现定位悬停。GPS 的工作原理是 GPS 接收机接收到多颗卫星发射的 GPS 信号并进行计算，在一定范围内，接收到的卫星数量越多其导航的精度也越高。如果飞行区域的建筑较多或者地形凹陷，会影响 GPS 信号的接收，导致能够接收的卫星数量过少。

在高层建筑群中，多旋翼无人机的 GPS 信号大部分被遮挡，其只能接收到无人机正上方的少量卫星信号，如图 4-7 所示；当无人机处在峡谷或者类似地形时，卫星信号也同样会被遮挡，导致接收到的卫星数量不足，如图 4-8 所示；只有当无人机处在没有高大建筑物的区域或地形平坦时其接收的信号才最佳，如图 4-9 所示。

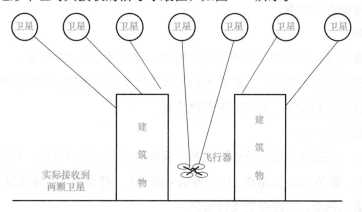

图 4-7　卫星信号被建筑物遮挡

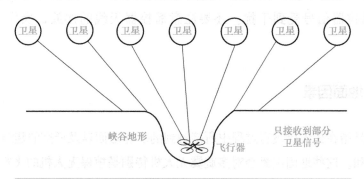

图 4-8　卫星信号被地形遮挡

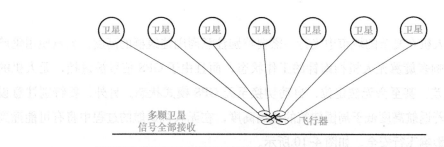

图 4-9　平坦地面卫星接收效果

3. 影响遥控控制信号的因素

地面人员对多旋翼无人机的控制来源于控制信号通信链路，一旦通信链路中断或者无人机超出了遥控距离，无人机将进入失控状态，人员对于无人机也就失去了控制。下面对遥控器控制信号进行分析，确定哪些因素会影响控制信号通信链路。

（1）无人机与遥控器的距离

任何遥控器控制设备都有其有效控制距离，如果无人机超出遥控设备的有效距离，就接收不到遥控设备的控制信号，这种情况被称为失控，无人机一旦失控将根据之前的设定原地悬停、返回起飞点或原地降落。所以在实际飞行中，应明确无人机的有效控制距离，并将飞行距离控制在范围内。

（2）遮挡物

如果操纵者与无人机之间存在明显的遮挡物，将会对飞行产生影响，一是会遮挡视线无法看清无人机的状态和姿态，二是会影响无线控制信号的传输。所以在使用时，应避免将多旋翼无人机飞行到楼宇、树木等障碍物后面。

（3）同频信号的干扰

多旋翼无人机的图像传输以及遥控控制主要是通过无线信道进行。若其正在使用的频段受到其他信号，如 Wi-Fi、发射塔、电台等信号的干扰，将导致其传输效果变差甚至中断，从而影响操作者的判断，严重影响飞行安全。

由于电磁环境的干扰，无人机一定要避免在高压线、通信基站或发射塔等区域飞行，以免遥控器信号受到干扰。还要注意遥控器天线的摆放，操作者要注意盲区的存在。

4.4.3　地面因素

地面因素是指在无人机飞行过程中所接触到的所有地面以及低空的建筑、地形、树木、高压塔等的总和。这些地面因素会对多旋翼无人机特别是植保无人机的飞行造成多方面的影响。

1. 地面建筑与树木

多旋翼无人机在复杂的城市中飞行，需要特别注意周围建筑群的高度。大量使用钢筋的建筑物会影响多旋翼无人机指南针的工作状态，而且由于 GPS 信号被遮挡，无人机的定位效果将变差，甚至会无法定位，自动切换至无 GPS 模式状态。另外，要特别注意设置返航高度，若返航高度低于周围建筑的最高高度，在无人机返航的过程中将有可能撞到建筑物，从而影响飞行安全，如图 4-10 所示。

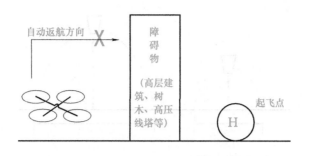

图 4-10 返航高度应高于障碍物高度

2. 电线塔斜拉索以及电线

斜拉索以及电线是植保无人机在田间作业时最需要注意的因素之一，因为目标较小往往容易被人忽视。对于这些因素最佳的解决办法就是在田间作业之前对作业区域进行完整地检查，做到对地形、障碍物心中有数。

3. 视觉差

视觉差是在无人机飞行中最容易出现的问题，是指操作人员对于较远距离的障碍物的实际距离以及无人机与障碍物之间的距离易出现判断错误。视觉差会导致无人机与障碍物发生撞击而造成损坏。在植保作业中视觉差易出现的情况是，人员对于前方的树木以及其他障碍物距离判断错误，导致植保无人机与树木发生撞击。

在实际作业时，应注意观察环境，在设定航线时应考虑障碍物的实际位置。在设定AB 点作业时，应注意安排人员在 B 点进行观察。

4.5 影响作业效果的因素

影响植保作业效果的因素有很多，其中主要因素包括农药质量、施药时间、飞行参数、气象因素等。

4.5.1 飞行参数

植保无人机飞行参数包括飞行高度、飞行速度、横移距离等。

1. 飞行高度

（1）飞行高度与喷洒幅度

压力喷头普遍采用扇形喷洒方式，所以在一定高度范围内，随着高度的增加喷洒幅度（简称喷幅）也会相应增加，当无人机达到一定高度后喷雾受风力影响较大，喷幅不再呈比例增加，如图 4-11 所示。作业高度过低会造成喷幅过小，而飞行高度过高则会造成药雾飘移、蒸发增加，降低作业效果。

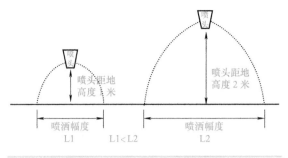

图 4-11 喷洒高度与喷洒幅度

植保无人机的喷幅与飞行高度息息相关，所以无人机在作业时应保持高度稳定。如果无人机的飞行高度起伏不定，其喷幅也会快速变化，造成喷洒幅度不均匀。一旦植保无人机的飞行高度持续过低，喷幅将持续过窄。无人机飞行高度与喷幅的关系如图 4-12 所示。

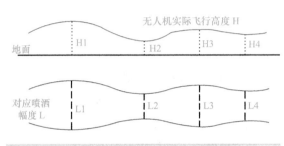

图 4-12 无人机飞行高度与喷幅的关系

（2）飞行高度与实际地况

以目前主流的多旋翼植保无人机为例，其飞行高度一般在 1.5～2m，在具体选定参数时需考虑地形和作物的实际情况。在干旱地区飞行高度较低会扬起大量灰尘，降低作业效果；一些相对娇嫩的作物如高笋（茭白）在作业高度低于 2m 时有可能产生倒伏，造成减产。

（3）飞行高度与药液穿透力

多旋翼植保无人机利用旋翼风场增加药液对作物的穿透力，将药液播撒到作物的更多表面。在一定高度范围内，高度越低，其药液穿透力越强；高度越高，其穿透力越弱。所以在对玉米等高秆作物作业时，应降低作业高度。

2. 飞行速度

（1）飞行速度与作业效率

作业效率 = 喷幅 × 飞行速度 × 时间

由以上公式可知，在喷幅一定的前提下，飞行速度将直接影响作业效率。但是，过快的飞行速度将有可能导致单位面积内接收到的药剂过少，达不到作业效果。所以大部分的植保无人机都应保持在 7m/s 以内的速度进行作业。

（2）飞行速度与单位面积的施药量

植保无人机的飞行速度与单位面积的施药量密切相关，在喷雾速度一定的前提下，飞行速度过快将导致单位面积的施药量减少，降低施药效果；而飞行速度过慢将导致单位面积的施药量增加，还有可能产生药害。严禁植保无人机施药时长期停留在同一地点，这不仅有可能造成农作物倒伏，还有极大可能因为施药过多而产生药害。

（3）飞行速度与作物类型

作物的叶片越浓密，植保无人机喷雾作业的穿透性就越低，作业时就应降低飞行速度、提升喷雾的穿透力。如果作物相对比较稀疏，则可稍提高飞行速度。例如，作物为生长中期的小麦或者水稻，可采用 4～5m/s 的速度进行作业；喷雾对象为生长中后期高秆作物如玉米、高粱，可相应地降低作业速度至 3～4m/s；如果是对比较稀疏的果树进行喷雾作业，则可根据情况降低速度至 2～3m/s。

实践证明，多旋翼植保无人机的速度高于 7m/s 时，下压气流效果严重下降，带来的穿透力迅速下降，如图 4-13 所示。所以，实际作业时飞行速度应在 7m/s 以内。绝大多数作业的飞行速度在 3～6m/s 范围内，以 4～5m/s 最为常用。

药液附着

图 4-13　飞行速度与药液附着

3. 横移距离

植保无人机横移距离必须与喷幅相等，这样才能在没有重叠喷洒的情况下完整覆盖作业区域。当植保无人机喷幅宽度大于横移距离时，就会在两次横移的重叠区域造成重复喷洒，该区作物将受到两次喷洒，其接收到的药液总量也将翻倍，药物过量可能会对作物造成药害。重喷对中间部分农作物造成药害的情况如图 4-14 所示。

图 4-14　重喷对中间部分农作物造成药害的情况

当植保无人机喷幅宽度小于横移距离时，就会在两次横移的中间区域产生漏喷，没有被喷到药液的作物便不会受到农药的作用和保护，将降低整体作业效果，如图4-15所示。

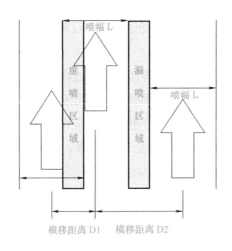

图4-15　喷幅与横移距离不一致造成重喷和漏喷问题

4.5.2　气象因素

影响植保无人机作业效果的气象因素主要包括风力、风向、温度、光照、湿度等。

1. 大风对植保作业的影响

植保无人机喷雾作业时飘移性较强，如果环境风速较大，则导致药液不能完全喷洒到作业区域，甚至有可能导致药液飘移到其他耕地（见图4-16），从而产生药害，以致发生经济纠纷。因此植保无人机应在风速为5m/s的环境下进行植保作业。

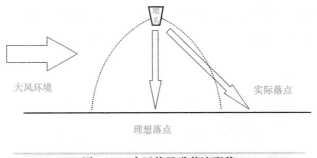

图4-16　大风将导致药液飘移

2. 风向对植保作业的影响

风向是植保无人机进行作业时必须准确判断的重要参数，因为操作人员的站位以及航线规划都必须按照风向进行安排。禁止操作人员站在下风向，如图 4-17 所示，因为药雾会随着风向飘移，长期处于下风向可能会造成农药中毒。

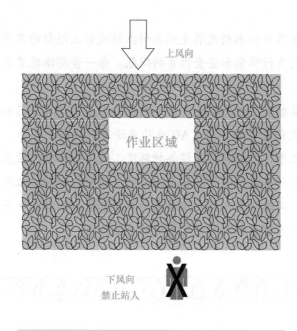

图 4-17　操作人员不能站在下风向作业

3. 高温对植保作业的影响

植保无人机喷雾作业的雾滴较小，在高温天气下会加剧药液的蒸发，使有效成分降低。另外，在高温天气下进行植保作业本身就较易产生药害，所以应杜绝在温度为 35℃ 以上的天气下作业。

在晴朗的夏季，每天上午 6～10 点、下午 4～7 点是比较适合的作业时间。

4. 降雨对植保作业的影响

降雨会将作物植株上的药液冲洗掉，降低农药药效，甚至有可能失效，所以喷药作业应在晴天或者阴天进行，切勿在雨中作业。

在作物仍有大量露水的情况下施药同样会冲淡药剂浓度而降低药效，所以不应在露水较多时进行喷雾作业。

5. 植保作业注意事项

1）高温不作业。当气温高于 35℃ 时应停止作业，否则容易造成药害以及人员中暑。

2）大风不作业。当风力大于 3 级也就是 5m/s 时应停止作业，否则药液飘移较为严重。

3）下雨不作业。下雨或者即将下雨时，应停止植保作业。

4）在规定速度范围内作业。作业速度应视情况控制在 3 ～ 7m/s 范围内，不应高于 7m/s。

✤ 拓展阅读

我国无人机飞防作业技术的发展是农业科技领域自主创新的典范。从无人机作业特点和效率的提升，到飞行限制和安全因素的规范，每一步都体现了我国农业科技工作者的智慧和努力。

无人机飞防作业的安全性和效率，离不开操作人员的精湛技艺和严谨态度。在飞防植保作业模式中，无论是手动作业、AB 点作业还是航线规划作业，都需要飞手具备高度的专业素养和责任感，必须精确掌握各种环境下的飞行参数的设置，严格遵守飞行守则，确保作业的安全和效果。这种对技术细节的严格把控和对作业质量的不懈追求，正是工匠精神的体现。同时，无人机飞防技术的不断创新，如智能飞行模式、精准施药系统等，也展示了创新意识在农业科技发展中的重要作用。

思考题

1. 简述植保无人机作业的基本特点和作业效率。
2. 简述手动作业模式的作业情况和注意事项。
3. 简述 AB 点作业模式和航线规划作业模式的区别。
4. 简述植保无人机飞行作业的安全因素。
5. 分析影响无人机植保作业效果的因素。

飞防经验与案例

无人机植保飞防在我国已经如火如荼地开展了，政府、企业和个人也普遍看好此行业，从业者已有几万人，但飞防企业盈利与生存的压力仍然是巨大的。当前飞防企业总体发展方向趋好，但也面临着各式各样的问题，为了使行业健康发展、减少无谓损失、增加植保队伍收入，本章将分享众多资深从业人员的植保经验。

了解飞防企业的基本运营模式，学会在市场中的生存法则。掌握基本飞防技巧，学习前人的飞防经验，避免或少走弯路。

5.1 飞防企业经营与管理经验

当前国内农用植保无人机作业的组织模式主要有 3 种：

1）植保专业服务人员组织成立的飞防企业。具有现代企业组织架构，人员配置合理，市场化动作，在资金、设备方面具有一定的优势，可跨季节、跨地区作业，是无人机植保行业的主力军。

2）无人机生产企业成立的植保服务联盟性质的飞防组织。这种组织从本质上讲是无人机企业促销的一种手段，是针对个人或小规模企业的一种售后服务，是初级阶段引领用户入行的一种措施，用户难以长期依靠此类模式发展和壮大。

3）部分种田大户购买了少量植保无人机，平时以自用为主，在完成自家作业后为周边农户提供飞防服务；但植保无人机与其他农业机械不同，它对使用人员技术要求相对较高，从业人员需要有一定的文化基础，植保无人机操作须经过一段时间的系统学习，无人机销售企业的短期培训难以满足实际使用需求。电动植保无人机作业还需配备一定数量的锂电池。锂电池在使用上有着严格的规定，需要定期进行充放电保养，如果保养不善，第二年这批电池就会鼓包而报废了；油动发动机维护保养要求更高，使用寿命更短。植保无人机喷洒系统也需要经常进行保养，否则也很容易出现问题；这些问题对无人机专业知识缺乏的人员来说往往是致命的打击，平时辛苦挣到的钱远抵不上植保无人机保养不善造成的损失，这也就是此类人员使用植保无人机只有一两年就会放弃的主要原因。从经营的角度出发，也不建议此类人员进入此行业。

现代农业需要规模化才能实现较高的经济效益，无人机植保行业也需要具有一定数量的无人机和飞手才能形成规模效应和保持可持续健康发展。

5.1.1 承接飞防订单与任务分配

1. 承接飞防订单

新成立的飞防企业的第一要务是要能承接到足够的飞防订单，使企业有一定经济收入从而保障企业能生存下去。常见的接单方法主要有以下几种：

1）通过亲戚朋友各类关系承接业务。此种在开展业务初期比较常见，也是大多数企业第一桶金的主要来源。

2）各种飞防 App 接单。承接此类业务需支付相关平台一定费用且接单数量与地点具有不可预测性。

3）通过各地农业经纪人、农资经销商承接业务。企业一般需要支付一定费用给经纪人，好处是不用过多将精力花在承接业务上，但也存在作业款回款慢等风险。

4）飞防企业业务员去各单位、种植大户跑业务。企业有一定人工、差旅成本，优点是企业自主性强，没有其他分成压力。

5）老客户介绍。企业需在作业一定时间内用效果征服用户，效果与口碑做出来后会有客户上门。

6）政府订单。订单一般数量较大，但价格往往较市场偏低，竞争也相对激烈。

飞防企业还可利用现场会、培训会、新媒体向政府部门、经销商、从业者、农户进行推广，参加政府部门会议时需统一着装、带好横幅、宣传彩旗、扩音器及相关资料。培训会上要介绍产品特性、收费标准、作业能力和效果，通过问卷调查了解客户需求。另外还可联系村里有影响力的村支书、种田大户进行观摩并开展一些优惠活动。

2. 作业任务分配与人员安全

飞防企业接受飞防任务后，首先要明确任务性质，调度人员需要了解所要承担的飞防作业作物种类及面积，合理安排飞手、观察手、地勤人员的配比，如果作业点距离较远，还需要安排车辆及驾驶人员。

安排作业的飞手应提前查看作业区域卫星地图资料，初步进行作业地块切分；地勤人员要做好相关物资准备，确保任务顺利完成。执行作业任务的飞手需要随身携带无人机相关操作证书、无人机实名登记等材料。

5.1.2 作业准备

1. 作业气象条件观测

作业地点作业时的气象条件与作业质量关系密切，作业前应做好气象预报信息的收集。以下气象条件较为适合无人机飞防作业。

1）风速应尽量在 5m/s 内，晴天或者阴天；

2）气温在 20～30℃之间，高于 35℃应停止作业；

3）关注作业前后的天气情况，避免在露水过重、雨天和暴晒的天气下进行喷洒。内吸型农药施药后应保证在 12 小时内无降雨，一般化学农药应保证 24 小时内无降雨，生物农药应保证 2 ～ 3 天内无降雨。

2. 作业装备及配件的准备

要根据作业量与作业时间的要求计算作业所需的飞机数量，适当增加 1、2 架备用机。稍老一些机型的植保无人机还需要配备 7 ～ 10 块备用电池，电量过低会导致无人机不能作业，或电池作业完成后温度还没下降到合适温度就开始充电，会损伤锂电池的寿命。随着技术的进步，极飞和大疆都在电池充电技术上积极攻关，目前已经可以通过快充等技术减少每架飞机的电池使用量，此举将降低用户的使用成本。每架飞机还应配置一定数量的易损件，如螺旋桨、电动机、电调、液压泵等，如图 5-1 所示；工作期间一旦出现损坏，力争在作业现场就可以进行维修，减少维修、运输时间。

扫码看视频

飞行前检查

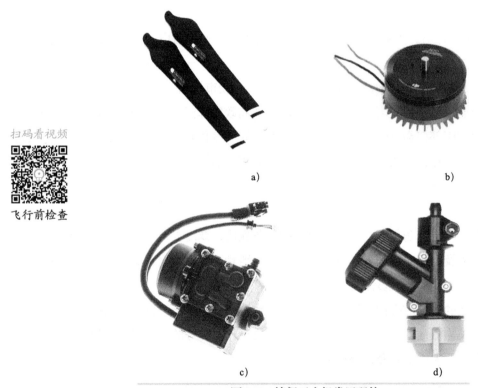

a)

b)

c)

d)

图 5-1　植保无人机常用配件

a) 塑料桨叶　　b) 6010 一体电动机　　c) 液压泵　　d) 压力喷嘴

每一个作业团队还应配备相应的扳子、钳子、内六角套装、螺钉旋具、电烙铁等工具，对讲机尽量选用质量稳定可靠的产品，避免因通信问题造成不必要的损失，如图 5-2 所示。

作业间转场或早晚往返时，植保无人机应先清洁再装箱或用塑料袋密闭固定运输。人员和植保无人机在同一车厢内，严禁关闭门窗开空调，这样极易导致人员中毒。

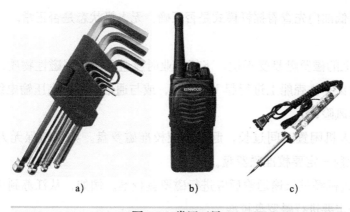

图5-2　常用工具

ⓐ 内六角套装　ⓑ 对讲机　ⓒ 电烙铁

缺水地区还要考虑飞防用水的采集与运输；水质太差难以满足农药配兑时还需要采取过滤等措施。野外用电困难地区还需要配备发电机，部分地区作业还应考虑汽油获取难易程度，若获取汽油困难则应尽量选用柴油发电机。发电机在选购时应向销售商确认所标功率是否虚标，若虚标则有可能会因功率不足而无法保障电池的正常充电。发电机给电池充电如图5-3所示。

扫码看视频

遥控器

图5-3　发电机给电池充电

5.1.3　设备状态检查

作业之前一定要对植保无人机的状态进行确认，重点对遥控器遥杆模式、磁罗盘、动力系统、喷洒系统、动力蓄电池等部件进行认真检查，以保证作业顺利进行。

1．摇杆模式确认

目前市场上存在三种不同的摇杆模式，即美国手、日本手与中国手。飞手拿到无人机后，应先检查遥控器摇杆模式，以避免因摇杆模式错误而造成摔机。更改摇杆模式后，启动电动机时应用低油门先查看摇杆模式是否正确、无人机状态是否正常。

2. 磁罗盘注意事项

1）无人机上的磁罗盘易受干扰，飞行作业时应避免接近强磁性物质；如在钢筋水泥结构的灌溉渠桥梁、铁壳船上进行起飞与降落，或与通信铁塔、高压输电线过度靠近飞行都有发生故障的风险；

2）植保无人机闲置时间过长，起飞前应校准磁罗盘。如果植保无人机闲置了一个冬季，春季作业前一定要校准磁罗盘。

3）植保无人机经过长途运输后应进行磁罗盘校准。例如，从江苏到黑龙江作业，在黑龙江作业前一定要进行磁罗盘校准。

3. 动力系统状态确认

主要是对螺旋桨及电动机的状态进行确认，有过摔（炸）机历史的无人机更应重点进行检查。

1）确认螺旋桨安装是否紧固、是否有破损。如果螺旋桨安装不规范易产生振动甚至机身姿态不稳，飞机在空中会产生飘移等现象。

2）电动机旋转是否顺畅。如果有杂音或者旋转阻力过大，则需考虑电动机是否损坏，应排除故障后方能起飞。

3）电动机动平衡是否良好。如果发现无人机振动明显过大（机臂摆动过大、喷头晃动）则需更换电动机。

4. 喷洒系统状态确认

1）喷头喷洒是否正常。如果堵塞则需清洗过滤网与喷头，堵塞严重时需更换。

2）输药管有无破损、裂纹、起包等问题。如存在问题则需及时更换，避免作业时出现故障而影响作业进度。

3）药箱是否清理干净。如果药箱清理不干净、存在药物残留，则有可能发生药液固化、药物混合反应，降低药效甚至产生药害。

4）流量计内是否有农药残留，如果有则需要拆除进行清洗，否则易导致计量不准、堵塞。

5）水泵转动是否正常。振动频率、声音大小是否正常。蠕动泵的蠕动管是否有磨损，磨损严重的需要更换。

5. 动力蓄电池状态确认

1）锂电池电量是否充足、电池容量是否下降、电池是否有鼓包现象，应避免将有问题的电池装机作业。

2）植保无人机使用的锂电池电压较高，在接插电源时，电池插头易发生打火现象，生成黑色氧化物，如果插头部分明显发黑，将会使电阻增加，有可能导致插头过热短路，需考虑清洁或更换插头。

3）电池插头应完全插入插孔。如果存在缝隙会造成电流浪涌进而造成元件损坏或空中停机。

扫码看视频

无人机校准

5.1.4 作业人员安全

1. 无人机对作业人员的物理伤害

植保无人机螺旋桨高速旋转时转速高达每分钟几千转且电动机功率大，如果高速旋转的桨叶打到人，会给相关人员造成严重伤害。日常操作无人机时不允许从人员头顶近距离飞过，无人机与人群要保持5m以上的安全间距。植保无人机作业时由于飞行高度较低，不允许人员站在无人机的正前方，以防无人机失控而伤人，如图5-4所示。

图5-4 无人机伤人

扫码看视频

无人机安全教育

2. 农药对作业人员的伤害

人员在作业时不要站在下风口，否则无人机喷洒的农药会顺风吹到人员身上，无人机制动、转弯时若喷洒系统没关闭，药液也会扬洒到人员身上；在作业时如果有村民因好奇而过来观看，相关人员一定要坚持请他们离开，以保证安全。作业时如果客观条件不允许，人员只能处于下风口，则尽量不要正对着无人机飞来的方向站立，应错开位置，避免药液随风吹到身上，如图5-5所示。在喷洒农药时应穿戴长裤、长褂、手套、口罩等，防止天热而皮肤毛细血管扩张使得农药渗入，在作业过程中严禁未洗手、洗脸就进行饮食；喷洒农药后要及时脱去衣裤，并及时洗手、洗澡，用肥皂水洗全身，但切忌用热水，以免农药经皮肤吸收而引起中毒。

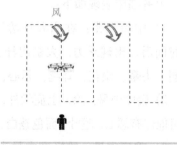

图5-5 作业人员不要站在下风口

农药进入人体的途径：经皮肤进入、经口腔进入、经呼吸道进入。

在喷洒农药时，一旦出现头晕眼花、心率加快、恶心呕吐、视物模糊等中毒症状，应立即停止喷药，脱掉工作服并带上所施用农药的包装及时到正规医院对症治疗，以免发生意外。

（1）发生有机磷农药的中毒

其症状为发病迅速，常急骤恶化。中毒较轻的表现为头晕、头痛、恶心、呕吐、胸闷无力、视力模糊，严重的还表现为瞳孔变小、呼吸严重困难、肺水肿、大小便失禁、昏迷等。此时应立即将中毒者带到阴凉通风处，脱去污染的衣物，并用肥皂水或清水清洗全身或接触药剂的部位。口服阿托品2～3片，严重的和解磷定一并服用，并立即送医院就诊。

（2）氨基甲酸酯类农药的中毒

中毒者多表现为头痛、恶心及呕吐、出虚汗、脸色苍白、脉跳加快、瞳孔扩大、意识不清等。此时应立即将中毒者带离用药现场，脱去污染的衣服，用清水冲洗全身或接触药剂的部位，肌肉或静脉注射0.1～0.3mL硫酸阿托品一次，立即送医院就诊。

（3）拟除虫菊酯类农药的中毒

多表现为兴奋、抽搐、颤动、惊厥、走动失调无力、呼吸困难等。此时应将皮肤接触处用肥皂彻底清洗，眼睛接触处用大量清水清洗。误食中毒进行催吐并立即送医院进行抢救。

3. 高温中暑

高温中暑是指人员在气温高、湿度大的环境中从事体力劳动，发生体温调节障碍，表现为水、电解质平衡失调、心血管和中枢神经系统功能紊乱等症状，如图5-6所示。植保作业人员经常工作在此环境中，不仅容易中暑，还容易因高温而导致中毒。作业时人员要戴遮阳帽，避免阳光直射头顶；穿棉质透气长袖长裤工作服，戴口罩、眼镜等防护用具。

图5-6 高温中暑

中暑临床表现如下：

1）中暑先兆：在高温环境下活动一段时间后，出现乏力、大量出汗、口渴、头痛、头晕、眼花、耳鸣、恶心、胸闷、体温正常或略高。

2）轻度中暑：除以上症状外，还可能出现面色潮红、皮肤灼热、体温升高至38℃以上，也可能伴有恶心、呕吐、面色苍白、脉率增快、血压下降、皮肤湿冷等早期周围循环衰竭表现。

3）重症中暑：除轻度中暑表现外，还有热痉挛、腹痛、高热昏厥、昏迷、虚脱或休克表现。

人员中暑后应按照以下方式进行处理：

1）中暑先兆与轻度中暑：及时脱离高温环境至阴凉、通风处静卧，观察体温、脉搏、呼吸、血压变化。服用防暑降温剂（仁丹、十滴水或藿香正气散等）并补充含盐的清凉饮料（淡盐水、冷西瓜水、绿豆汤等），一般经以上处理即可恢复。

2）重症中暑：先按第1步相关步骤处理以降低体温，纠正水、电解质紊乱、酸中毒，积极防治休克及肺水肿并及时送医院就医。

5.2 避免药剂对动、植物产生伤害

5.2.1 除草剂的伤害

除草剂是指可使杂草彻底地或选择性地发生枯死的药剂，又称除莠剂，是用以消灭或抑制植物生长的一类物质，如图5-7所示。除草剂与杀虫剂、杀菌剂相比，其使用技术要求更高，杀虫剂、杀菌剂使用失当只会影响防治效果，但除草剂使用失当就可能造成减产或绝收。

扫码看视频

丙草胺

百草枯

草甘膦

药箱清洗

图 5-7 除草剂

为了防止除草剂使用不当而产生药害，必须严格按照使用规范来操作。

1）注意除草剂与敏感作物。不同的作物对不同的除草剂敏感程度不一样。禾本科作物对防除阔叶类杂草的除草剂敏感，而阔叶类作物对防除禾本科杂草的除草剂敏感。如棉花、瓜类、豆类、果树等对2，4-D、二甲四氯敏感；小麦、水稻、玉米等对盖草能、稳杀得敏感。因此在使用时，要仔细阅读说明书，认清除草剂的特点与性能，注意周边的敏感作物，谨防误用或药剂飘移。

2）注意作物敏感时期。在正常情况下，作物在发芽、三叶前及扬花灌浆期对除草剂特别敏感，容易产生药害。

3）严格掌握除草剂的用量和浓度。为了防止除草剂用量和浓度过高而造成局部药害，在使用除草剂时，无人机不要手动作业，应设置航线自动飞行，无人机的飞行速度、喷幅的宽窄、亩用药量等参数均要设置正确。

为了防止除草剂发生药害，要注意以下情况。

1. 防止使用不当

用药量过大、施药期和使用方法不当常常是发生药害的主要原因。除草剂使用时不按说明书要求而擅自超量作业会产生药害，例如，扑草净、稗草烯、禾田净等用于水稻本田除草时要严格掌握用量和施药条件，温度超过 28℃时必须适当减少用量。超高效除草剂如苄嘧磺隆、吡嘧磺隆等除草活性高，使用时也很容易产生药害。对茎叶喷雾的除草剂浓度过大、重复喷雾也会造成局部药害。

2．防止误用

除草剂品种多，一个品种往往有多个厂家生产，商品名五花八门，一药多名容易弄错名称而造成误用。这就要求作业前一定要分清楚是旱田除草剂还是水稻田的除草剂。如果将旱田除草剂（如甲草胺）当作丁草胺使用到水稻田上，水稻就可能绝产。因此，选用除草剂不但要注意认准名称、辨别三证，还要注意区分类似的外包装、类似名称的伪劣农药。

3．防止残留药害

那些在土壤中降解残效长的除草剂，在种植结构调整、改种作物时要慎重，弄清上茬作物是什么、用的是什么除草剂、残效期多长、应改种什么作物及对后茬作物的安全性，尽量不使用长残效的除草剂。

因为每一种除草剂都有一定的杀草谱，有灭生性的、有选择性的。所以要根据作物种类和杂草的主要品种选用有效的除草剂。同时还要根据耕作制度选择除草剂。此外，还要注意混合、交替使用除草剂。由于同种除草剂连续使用多年易导致敏感性杂草逐渐减少，抗耐药性杂草上升，因此除草剂要混合使用并在年度间交替使用，才能达到长期控制草害的目的。

4．选择最佳时期施药

根据除草剂的性质、杂草发生时期、杂草和作物的生育期，选定用药时期。除草剂品种很多，有茎叶处理剂、土壤处理剂、触杀性除草剂、灭生性除草剂等，有的适用于芽前除草，有的适用于茎叶除草。土壤处理是将除草剂直接喷施于土面，杀死刚萌发的杂草。如都尔、乙草胺等应在作物播种后、杂草出土前用药，等到杂草出苗后用药，不但效果差，有的还会伤害作物。所以除草剂选择最佳时期施药是很重要的。

5．除草剂的使用效果与温度高低成正比

温度高时，杂草吸收和输送除草剂的功能强，除草剂活性也高，容易在杂草的作用部位充分发挥杀草作用。在使用除草剂时，空气的湿度越大，除草效果就越明显；反之就会降低除草效果。

对使用完除草剂的无人机内外部进行清洗，清洗时应使用酸碱中和法让洗涤剂与除草剂发生化学反应从而降低药效，同时开启喷洒模式对药箱、管道等进行多次清洗，确保植保无人机内无除草剂残留。

5.2.2　农药对水产品、桑蚕及蜜蜂类的伤害

到达作业现场后，要向农户确认作业点 3km 以内是否存在桑树等敏感植物以及周边

养殖情况（如养蚕、菜地等），评估喷洒作业是否会对它们造成影响、有哪些风险等，以书面形式列出并与客户达成共识。另外，如果是除草剂喷洒作业，还要特别留心作业范围，如遇到风力不稳定，很容易产生药害。无人机喷洒的药物为生物制剂，不会对人畜产生危害，但会影响蟹、虾、蛇的生长发育，对桑蚕、蜜蜂、土元、蚂蚱等昆虫也具有灭杀作用。非生物制剂农药，在防治靶标生物的同时，往往也会误杀大量天敌。在养鱼、养蚕和养蜂地区，由于农药的飘移和残留，会对鱼类、家蚕和蜜蜂产生毒害作用。同时害虫种群也可能发生变化，产生抗药性、再猖獗和次要害虫上升等问题。

　　喷洒的农药除部分落到作物或杂草上，大部分落入田土中或飘移落至施药区以外的土壤或水域中；土壤杀虫剂、杀菌剂或除草剂直接施于土壤中。这些残留在土壤中的农药，虽然不会直接引起人畜中毒，但是它可以被作物根系吸收、可逸失于大气中、可被雨水或灌溉水带入河流或深入地下水。

　　生物（植物、动物、微生物）在自然界中不是孤立存在的，而是与周围环境相互作用，在一定的空间和环境中生活的有机体。在生态系统中，微生物、植物、昆虫、天敌之间以及它们与周围环境的相互作用，形成了复杂的营养网络和不可分割的统一整体。农药的施用对周围生物群落会产生不同程度的影响，严重时可破坏生态平衡。

　　大部分的有机氯农药（硫丹、666、DDT）、有机磷农药（毒死蜱、敌敌畏、乐果）都有可能对鱼类产生毒害，常见农药包括阿维菌素、菊酯类农药也会造成鱼类死亡。如果作业区域周边有池塘等水产养殖，应选择对水产品低毒的农药，并保持安全隔离区域。

　　大部分的有机氯、有机磷、菊酯类、烟碱类、杂环类农药都有可能造成蜜蜂中毒，其中常见的吡虫啉、噻虫嗪、高效氯氟氰菊酯、丙溴磷、残杀威、吡丙醚、好年冬和百事达对有益生物蜜蜂和家蚕的胃毒、触杀和熏蒸毒性较强。测试结果表明：高毒性农药对蜜蜂和家蚕均有较高毒杀效果，因此应避免在植物的花期和桑园使用这些农药，否则会导致蚕不结茧、家蚕及蜜蜂死亡事件的发生，如图5-8所示。

　　　　　a)
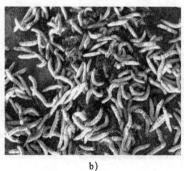
　　　　　b)

　　　　　c)

图5-8　农药误杀
a) 蜜蜂中毒　b) 蚕中毒　c) 水产品中毒

吡丙醚属于苯醚类昆虫生长调节剂，是保幼激素类型的几丁质合成抑制剂，对昆虫有强烈的保幼激素活性，也就是延续昆虫的幼虫期，不使其成熟化蛹，阻止产生后代来达到防治目的。对家蚕十分敏感，食下量少的能够吐丝结薄茧，浓度高的完全不结茧。桑园、蚕室及其附近禁用。对蜜蜂、鱼类等水生生物、家蚕有毒，喷洒时防止药雾飘移污染，要远离水产养殖区、河塘等水域施药，禁止在河塘等水体中清洗施药器具。

好年冬为氨基甲酸酯类农药，是克百威的衍生物，其杀伤力强，见效快，具有胃毒及触杀作用。特点是脂溶性、内吸性好、渗透力强，对成虫及幼虫均有效，主要防治柑橘等水果及蔬菜、玉米、水稻、甘蔗等多种经济作物的害虫。对家蚕、蜜蜂和鱼类有毒，蚕室和桑园周围禁止使用。

百事达是一种生物活性较高的拟除虫菊酯类杀虫剂，它是由氯氰菊酯的高效异构体组成。本品主要用在果树上防治椿象和蒂蛀虫。对家蚕、蜜蜂、鱼类等生物有毒，蚕室和桑园附近禁用。

5.3 平原飞防案例

扫码看视频

稻田飞防作业

5.3.1 水稻杀虫作业

水稻是草本稻属的一种，属谷类，是粮食作物中最主要、最悠久的一种，世界上近一半人口都以稻米为食。常见的水稻病虫害有：稻曲病（青粉病、伪黑穗病）、稻瘟病（稻热病、火烧瘟、叩头瘟）、稻叶黑粉病（叶黑肿病）、水稻恶苗病（徒长病、白秆病）、水稻干尖线虫病（干尖病、白尖病）、水稻黑条矮缩病（矮稻）、水稻条纹叶枯病、水稻胡麻叶斑病（水稻胡麻叶枯病）、水稻纹枯病（云纹病、花脚秆）、水稻细菌性条斑病（细条病、条斑病）等，如图5-9所示。

a)   b)

图5-9 水稻病害

ⓐ 水稻穗颈瘟 ⓑ 水稻白叶枯病

水稻虫害有：二化螟、三化螟、大螟、稻纵卷叶螟、稻飞虱等，如图5-10所示。

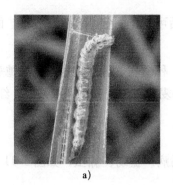

a) b)

图 5-10 水稻虫害

ⓐ 卷叶螟 ⓑ 稻飞虱

水稻病虫害防治：

1）水稻分蘖期病虫害防治。

防治对象：螟虫、纹枯病、稻纵卷叶螟（看迁入量多少）。

2）水稻分蘖末期拔节初期病虫害防治。

防治对象：稻纵卷叶螟、纹枯病、稻飞虱。

3）水稻穗期病虫总体防治。

防治对象：穗颈瘟、稻纵卷叶螟、纹枯病、螟虫、稻飞虱。

用药信息见表 5-1。

表 5-1 用药信息

病 虫 害	农药名称	浓度或剂型	亩 用 量	备 注
稻纵卷叶螟	甲维·茚虫威	25% 水分散颗粒	10～12g	左侧药剂任选其一
	茚虫威	30% 水分散颗粒	9～10g	
螟虫	氯虫苯甲酰胺	20%	10mL	左侧药剂任选其一
	二嗪·辛	40% 水剂	120～160mL	
稻飞虱	吡蚜酮	25%	24g	左侧药剂任选其一
	烯啶虫胺	10%	30～40g	
	烯啶虫胺	60%	6g	
稻瘟病（穗颈瘟）	三环唑	75%	30g（穗颈瘟第一次用药）	左侧药剂任选其一
	吡唑醚菌酯	10%	40g（穗颈瘟第二次用药）	
	稻瘟灵	40% 乳油	100～133mL	
纹枯病	噻呋酰胺	24%	24g	左侧药剂任选其一
	嘧菌酯	10%	80g	

作业模式："弓"字形作业或航线规划。

飞行高度：1.5m。

飞行速度：5m/s。

作业间距：4～5m。

亩施药量：1L。

5.3.2 小麦病害防治

小麦是小麦系植物的统称，是单子叶植物，是一种在世界各地广泛种植的禾本科植物。

小麦的颖果是人类的三大谷物之一，磨成面粉后可制作面包、馒头、饼干、面条等食物，发酵后可制成啤酒、酒精、白酒或生物燃料。

危害小麦的病害有：小麦条锈病、叶锈病、秆锈病、腥黑穗病、散黑穗病、黄矮病、红矮病、全蚀病、赤霉病、叶斑病等。虫害有小麦蚜虫、麦种蝇、吸浆虫、红蜘蛛、叶蝉、蛴螬、金针虫、蝼蛄、麦叶蜂、麦秆蝇等。

小麦穗期病虫总体防治

防治对象：主治小麦赤霉病，兼治小麦白粉病、穗蚜、黏虫，如图5-11所示。

地点：江苏南通。

作业模式："弓"字形作业或航线规划。

飞行高度：1.5m。

飞行速度：5m/s。

作业间距：4～5m。

亩施药量：1L。

作业机型：大疆MG-1P。

用药时期：小麦扬花初期（扬花株率达5%）用第一次药，隔7～10天用第二次药。小麦黏虫防治时期掌握在低龄幼虫（3龄前）盛期；防治指标是麦田每亩有虫6000头。小麦病虫害用药信息见表5-2。

表5-2 小麦病虫害用药信息

病虫害	农药名称	剂型	亩用量	备注
赤霉病	氰烯菌酯	25%	100g	左侧药剂任选其一，若兼治白粉病时，氰烯菌酯、戊唑·咪鲜胺另加戊唑醇8～10克。
	戊唑·咪鲜胺	40%	25g	
	甲硫·戊唑醇	48%	62g	
	咪鲜·甲硫灵	42%	80g	
	戊唑·福美双	35%	100g	
穗蚜	烯啶虫胺	10%	30～40g	左侧药剂任选其一
	吡蚜酮	20%	20mL	
黏虫	溴氰菊酯	2.5%乳油	50mL	左侧药剂任选其一
	高效氯氰菊酯	2.5%乳油	20mL	

a)   b)

图5-11 小麦病虫害

a) 小麦穗蚜   b) 小麦赤霉病

5.3.3　冬小麦封闭式除草

冬小麦一般在 9 月中下旬至 10 月上旬播种，翌年 5 月底至 6 月中下旬成熟。在我国小麦种植品种一般以长城为界，长城以北大体为春小麦，以南为冬小麦。麦田杂草出草与施药时期如图 5-12 所示。

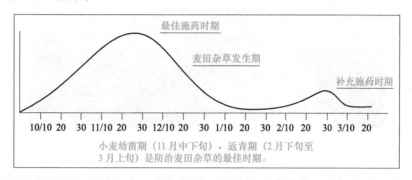

图 5-12　麦田杂草出苗与施药时期

作业对象：冬小麦田间封闭式除草。

日期：2018 年 11 月。

地点：江苏淮安。

作业机型：极飞 P 系列无人机。

农药：苯磺隆 12g/ 亩，乙草胺 100mL/ 亩，如图 5-13 所示。

天气：雾天，温度 10 ～ 10℃，微风。

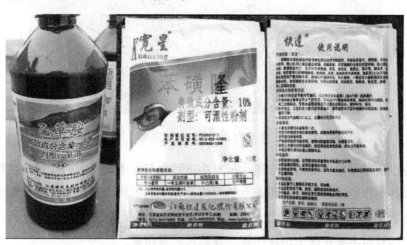

图 5-13　除草用药剂

本次作业以封闭式除草为目的，田间杂草发展阶段不一，有的已经发芽，有的还在土里，如图 5-14 所示。通过喷洒药液在地块表面形成一层"药膜"，当杂草种子出芽接触到药膜时就会被"杀死"，无法成活。本次使用药剂：苯磺隆，有效成分含量 10%，可湿性粉剂；乙草胺，有效成分含量 50%，乳油。

图 5-14　作业图片

作业数天后现场回访,冬小麦长势良好,地块杂草已无生长趋势并出现杂草枯死状态,达到预定的飞防效果,如图 5-15 所示。

图 5-15　作业回访现场图

在进行小麦除草剂作业时,必须远离对小麦除草剂有不良反应的作物,在测量定位时需观察周边其他作物的种类、与作业点的距离及作业时的风向和风力。无风作业时,必须远离这些作物 20m 以上,如果有 3 级左右的风力,则需保持 50m 以上的距离,如果无人机在上风,则暂时不要在这个田块作业,等无风后再作业。

5.3.4　大豆蚜虫防治作业

大豆为一年生草本植物,是最重要的豆类之一。大豆种子含有丰富的植物蛋白质,常用来做各种豆制品、榨取豆油、酿造酱油和提取蛋白质。

大豆造桥虫是为害大豆的有棉大造桥虫,分布于我国各大豆主要产区。幼虫将叶片食成缺刻或孔洞，严重时可将叶片吃光，对大豆产量影响较大。

大豆蚜虫，属同翅目，蚜科。吸食大豆嫩枝叶的汁液，造成大豆茎叶卷缩，根系发育不良，分枝结荚减少。此外还可传播病毒。

作业时间：2018年8月。

作业对象及目的：大豆；防治大豆蚜虫和大豆造桥虫。

天气：晴，微风，26℃。

农药：烯啶·吡蚜酮，有效成分80%，水分散粒剂，5g/亩；虫螨腈，有效成分240g/L，悬浮剂，20mL/亩；甲氨基阿维菌素苯甲酸盐，有效成分1%、乳油，30mL/亩，如图5-16所示。

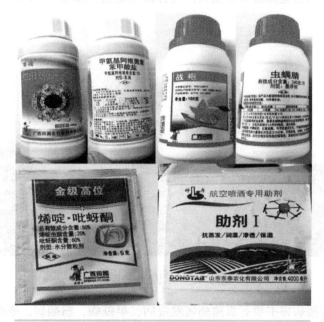

图5-16　大豆防治药剂

大豆蚜虫和造桥虫发生大面积危害，造桥虫啃食大豆叶片，造成叶面穿孔，为保证作物质量，进行无人机虫害防治，如图5-17所示。

图5-17　大豆防治前后效果

本次作业地块外缘有防风林，在靠近防风林的航段且最外侧航线与防风林的距离小于 3m，则在起飞前关闭天目避障系统，避免无人机急刹车而干扰正常飞行。采用极飞 P 系列植保无人机作业，作业 3 天后电话回访农户，农户反映大豆田里虫子全部死亡，达到飞防效果。

5.3.5 马铃薯病虫害预防作业

马铃薯属茄科多年生草本植物，块茎可供食用，是全球第四大重要的粮食作物，仅次于小麦、稻谷和玉米。马铃薯极易发生病虫害，如防治不及时或防治方法不当，一般损失 20%～50%，严重的会造成毁灭性损失，马铃薯作业现场如图 5-18 所示。

图 5-18　马铃薯作业现场

马铃薯土壤传播病害主要有真菌病害晚疫病、早疫病、粉痂病、疮痂病和细菌病害环腐病、黑胫病、软腐病、青枯病及细菌性萎蔫病等病害，主要虫害有蚜虫、蓟马及地老虎、蝼蛄、沙蚕等地下害虫，如图 5-19 所示。

图 5-19　马铃薯病害

配制药液时先溶解拿敌稳，在其完全融化之后，再加入悬浮剂银法利充分搅拌，最后加入敌杀死继续搅拌均匀后加水至所需容量。因为拿敌稳由甲氧基丙烯酸酯类杀菌剂肟菌酯和三唑类杀菌剂戊唑醇复配而成，既具有保护作用又具有治疗作用，该产品杀菌活性较高、内吸性较强、持效期较长、可用于多种作物的真菌病害防治，见表 5-3。

表 5-3　马铃薯杀菌和杀虫用药信息

农药名称	剂　型	有效成分及含量	亩用量
拿敌稳	水分散颗粒	肟菌戊唑醇 75%	10g
敌杀死	乳油	溴氰菊酯 25g/L	15mL
银法利	悬浮剂	氟菌霜霉威 687.5g/L	50mL

敌杀死溴氰菊酯属于拟除虫菊酯类杀虫剂，具有胃毒和触杀作用，该产品生物活性较高、击倒速度较快，对多种害虫均表现出较好的杀虫效果。

银法利为内吸性杀菌剂，由氟吡菌胺和霜霉威盐酸盐复配而成，既具有保护作用又具有治疗作用，对卵菌纲引起的多种作物病害具有稳定和良好的治疗效果，特别对霜霉属病菌导致的病害具有良好的防效。该产品还具有活性较高、持效期较长、内吸性较强、施药时间灵活的特点。

地点：山东诸城。

作业时间：2018 年 5 月。

天气：阴、微风、17℃。

作业模式：航线规划。

作业目的：杀菌和杀虫。

飞行高度：1.5 ～ 2m。

飞行速度：4.2m/s。

作业间距：4.5m。

亩施药量：1L。

作业机型：大疆 MG-1P 无人机。

作业 10 天后对农户电话回访，农户对防治效果很满意。使用植保无人机不仅能降低作业成本、减少用药量、喷施均匀，还能全面覆盖、彻底预防，达到农药减量、控害不减效的目的。

5.3.6　新疆棉花脱叶飞防案例

我国棉花产量居世界首位，棉花种植带大致分布在北纬 18°～ 46°，东经 76°～ 124°之间，气温大于或等于 10℃。全国产棉省有 22 个，棉田面积在 40 万公顷以上的有 7 个，分别是新疆、河南、湖北、江苏、安徽、山东、河北。

新疆远离海洋，深居内陆，四周有高山阻隔，海洋气流不易到达，形成明显的温带大陆性气候。气温温差较大，日照时间充足（年日照时间达 2 500～3 500h），降水量少，气候干燥。新疆是我国优质棉主要产区，热量丰富、日照充足、降水稀少、空气干燥、昼夜温差大，形成了独特的气候，白天紫外线非常强，很容易晒伤皮肤，所以在新疆作业时必须做好防护措施。9 月后新疆的气温开始下降，早晚温差大，而且经常会出现断崖式降温，所以出门作业前需要多带几件保暖的衣服。另外进入新疆携带无人机必须进行备案，作业人员还要准备好身份证、操作证、无人机实名的二维码、居住证明等。

新疆是全国最缺水的地区之一，年平均降水量为 150mm 左右，但各地降水量相差很大，南疆的气温高于北疆，北疆的降水量高于南疆。田间地头很难找到合适的水源，从而严重影响作业效率。在新疆作业前需配备一个 100～200L 的大水桶；每天作业前，先将作业所需用水提前准备好，避免因水源问题来回奔波。无人机喷洒棉花脱叶剂的情况如图 5-20 所示。

图 5-20　无人机喷洒棉花脱叶剂的情况

棉花脱叶作业还需要配备烧杯或量筒，因为棉花脱叶剂配置与杀虫剂和杀菌剂是有很大区别的，药液浓度配比不正确，作业第二天就会看出防治效果不好。脱叶剂施药效果的好坏又和温度、湿度有很大的关系，喷施棉花脱叶剂的温度一定要注意，夜间作业不得低于12℃，15～20℃的效果比较理想，喷药前要看 3～5 天的天气预报，不能出现断崖式降温。棉花脱叶用药信息见表 5-4。

表 5-4　棉花脱叶用药信息

施 药 批 次	农 药 名 称	剂　　型	亩 用 量
一	脱吐隆	悬浮剂	12～15g
	乙烯利	水剂	70～80mL
二	脱吐隆	悬浮剂	12g
	乙烯利	水剂	50～70mL

棉花脱叶剂是一种接触性脱叶剂，施药时应对植株各部位的叶片均匀喷雾，作业时一定避免手工作业，尽量使用航线规划作业，要设置合理的作业参数，切记不能出现漏喷，一旦出现漏喷，很快就能看出来。即使后期补喷，由于温度影响也会导致脱叶效果不好，影响棉花的采收。每次喷药均要添加适量的航空专用助剂，促进药液能够快速渗透叶片，加速植株的自然衰老和成熟，棉花脱叶剂喷洒对药剂附着均匀度、飞手操作熟练度等技能要求较高。

作业时间：2018年9月。

地点：新疆石河子。

作业目的：棉花催熟脱叶。

天气：晴、微风、26℃。

飞行高度：1.5～2m。

飞行速度：4～5m/s。

作业间距：4m。

亩施药量：1L。

作业模式：航线规划。

飞行速度与雾滴沉积量呈负相关，飞行速度越快，其雾滴的穿透性越差，棉花中下部雾滴沉积量相对较小。应根据棉花的种植密度和成熟度调整无人机作业的高度与速度，对于田间密度大、晚熟的品种，应适当降低飞行速度，以提高药剂沉积量，保证脱叶催熟效果；对于早熟且对脱叶剂敏感的品种，可以适当提高飞行速度。

棉花脱叶作业还需要注意棉花贪青过旺的田块，这些田块中棉花密度过高、株形高、土壤湿润、吐絮率低于30%。符合这些因素的田块慎用脱叶剂，可再等一段时间，等相关条件成熟后再喷施脱叶剂。喷洒棉花脱叶剂后的效果如图5-21所示。

图5-21 喷洒棉花脱叶剂后的效果

棉花脱叶作业要求较高，如处理不当，很容易形成漏喷和焦叶挂枝，严重时影响采摘。形成焦叶挂枝的主要原因：一是温度高，高温促使药效挥发快，但棉株叶柄处来不及产生足够的脱落酸，导致叶柄没能产生离层，从而造成叶片干枯不脱落。二是施药的浓度过高，造成焦叶挂枝，如图5-22所示。

图 5-22　焦叶挂枝

无人机除草剂与棉花脱叶作业难度和风险较大，刚入行的新手尽量不要承接此类作业任务，以防因作业效果不佳而导致严重经济纠纷；如果新手必须进行此类作业最好是在有经验的飞手的指导下进行，建议新手工作几年并积累一定经验后再从事此类工作。

5.4　丘陵飞防案例

我国有三大丘陵：东南丘陵、辽东丘陵、山东丘陵。东南丘陵包含（江南丘陵、江淮丘陵、浙闽丘陵、两广丘陵等），福建省、江西省、浙江省、湖南省、广东省、广西壮族自治区、安徽省、湖北省、江苏省的全部地区或部分地区均为丘陵地形地貌。丘陵面积约有100万平方千米，约占全国总面积的10%。

丘陵是介于平地和山地之间的一种地形。丘陵地区的气候垂直分布及南北坡向的日照差异不如山地明显，缓丘陵、丘陵作业基本与平原作业类似，需要注意地面有高度落差，要提前了解植保无人机仿地高度的最高值，以免仿地失灵造成无人机失控，果树作业最好选择毫米波雷达定高或声呐定高，气压定高或GPS定高容易产生偏差。

植保机型的选择：如果树形是疏、散、矮、小则用四旋翼，否则采用六旋翼以上或直升机；橡胶树、椰子、香蕉用直升机＋弥雾机；柑橘、柚子、李子、梨树、苹果（矮化用多旋翼、乔化用直升机）；桃树、枣树、花椒用四旋翼。丘陵作业情况如图 5-23 所示。

图 5-23　丘陵作业

　　丘陵地区沟壑交错，农田往往依地势而修建，其特点是田块相对较小，形状不规则，土壤瘠薄且用水不便，不适合大田农作物生长，很多地方已经发展成为果树的生产基地。丘陵地区使用无人机飞防作业，飞手和观察手需要借助人字梯或其他物品提高观察视野，飞手站立点一般选择在面向作业区的正对面的中轴线上，距离以可以看到最上面一排树为准，对讲机挂在脖子上或夹在肩上，最好能使用喉结送话器；观察手需要站在作业区 B 点做实地指挥。丘陵或山地作业时，无人机需有一个可移动、稳固的起降平台，平台四条腿应能独立调节高度以确保桌面水平，平台最好选用木质或铝质等无磁性材料。

5.4.1　脐橙树的红蜘蛛防治

　　脐橙的种植分为育苗期和定植期，脐橙从育苗区出来后就移植在固定的园区定植，一般 3 ～ 4 年就能挂果长为成年果树。

　　定植后的脐橙树前两年可用四旋翼无人机防治，后期植株长大则要用六旋翼以上无人机或直升机。脐橙树叶比苹果树叶稍大，树叶厚、重，用无人机做脐橙飞防要确保下压风力足以将脐橙下层的叶子打翻。脐橙树基本生长在坡地，飞防作业时勿采用自动作业模式。脐橙树的红蜘蛛防治如图 5-24 所示，用药信息见表 5-5。

图 5-24　脐橙树的红蜘蛛防治

作业时间：2017 年 7 月。

地点：江西赣州。

作业目的：防治红蜘蛛。

天气：晴，32℃。

飞行高度：2 ～ 2.5m。

飞行速度：3.5m/s。

表 5-5　用药信息

农 药 名 称	剂　　型	有效成分及含量	稀 释 倍 数
阿维菌素	乳油	1.8%	100
氯氰·丙溴磷	乳油	44%	100
飞防助剂	—	—	20mL/ 亩

防治后 3 ～ 10 天进行防治效果调查，发现防治效果一直保持增长趋势，最终虫口防治减退率达到 95.3%，防治效果较好。

5.4.2　茶树杀虫作业

茶小绿叶蝉（Empoasca Pirisuga Matumura），半翅目，叶蝉科，俗称浮尘子、叶跳虫等，发生普遍，全国各产茶省、自治区均有发生。小绿叶蝉分为茶小绿叶蝉和假眼小绿叶蝉两种，其中以茶小绿叶蝉发生危害为主，是主要茶叶害虫之一。此虫一年发生 8 ～ 12 代左右，且世代交替，严重为害夏秋茶，受害茶树芽叶蜷缩、硬化、叶尖和叶缘红褐枯焦，芽梢生长缓慢，对茶叶产量和品质影响很大。茶园作业时搭建的起降平台如图 5-25 所示。

图 5-25　起降平台

使用机型：极飞 P20 2017 款植保无人机。

作业面积：160 亩。

防治对象：茶绿叶小蝉。

使用农药：20% 肤虫胺，亩用量 20 ～ 40g/ 亩；10% 茶卫士，亩用量 5 ～ 10mL/ 亩，如图 5-26 所示。

作业时间：2017 年 10 月。

地点：福建南平。

作业目的：防治茶小绿叶蝉。

天气：晴、28°C。

飞行高度：1.5 ～ 2m。

飞行速度：3m/s。

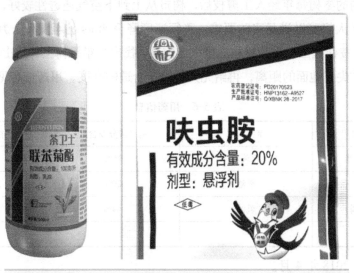

图 5-26　茶卫士、呋虫胺

为害症状：以成虫、若虫刺吸茶树嫩梢汁液，消耗养分与水分；雌虫产卵于嫩梢组织内，使芽生长受阻。为害后使受害芽叶叶缘变黄枯焦，叶脉发红，生长停滞硬化，甚至脱落，受害的芽叶制茶易碎，味涩，品质差，如图 5-27 所示。

图 5-27　茶小绿叶蝉及为害症状

呋虫胺对蜜蜂和虾等水生生物有毒，施药期间应避免对周围蜂群的影响，开花植物花期及花期前7天禁用。远离水产养殖区、河塘等水体附近施药，禁止在河塘等水体中清洗施药器具。本品对家蚕有毒，蚕室和桑园附近禁用，赤眼蜂等天敌放飞区禁用。虾蟹套养稻田禁用，施药后的田水不得直接排入水体，易造成地下水污染。在土壤渗透性好或地下水位较浅的地方慎用，不可与其他烟碱类杀虫剂混合使用。

5.4.3 冬枣杀虫作业

栽种5年内的枣树每年经人工剪枝后，树冠从上到下空气通透性较好，阳光照射相对充沛。多旋翼无人机可以满足飞防要求，飞行速度降至4m/s甚至更低，判断标准是看株距和树冠直径；按作业区内最高树枝高度为准定高，找出当年果树主杆最上面新发的枝条，拉直后量一下枝尖到地面的距离，再给无人机设定合适的高度。用药信息见表5-6。

表5-6 用药信息

农 药 名 称	剂 型	有效成分及含量	亩 用 量
高效氯氟氰菊酯	水乳剂	10%	10mL/亩
氰戊菊酯	乳油	20%	30 mL/亩
氯氰·丙溴磷	乳油	44%	100mL/亩
飞防助剂	—	—	20mL/亩

作业时间：2018年4月。

地点：山东滨州。

作业目的：防治红蜘蛛与盲椿象，如图5-28所示。

天气：晴、11℃以上。

飞行高度：2～3m。

飞行速度：3.5m/s。

图5-28 红蜘蛛与盲椿象

矮化的枣树不分年限，均可参照以上参数；若是乔化的老树或树龄超过 5 年的乔化树，就不适用以上方法，需采用无人直升机或六旋翼＋弥雾机，其原因是：树冠过大、树叶层数增加，确保药雾可以从果树上贯穿到地面；害虫基本在树叶的背面，确保下行风力可以吹翻树叶。

5.5　山地飞防案例

山地一般指海拔在 500m 以上起伏较大的地貌。特点是起伏大、坡度陡、沟谷深、多呈脉状分布，山地与丘陵的差别是山地的高度差异比丘陵要大。山地的表面形态奇特多样，有的彼此平行，绵延数千公里；有的相互重叠，犬牙交错，山里套山，山外有山，连绵不断。山地的规模大小也不同，按山的高度分，可分为高山、中山和低山。海拔在 3 500m 以上的称为高山，海拔在 1 000 ～ 3 500m 的称为中山，海拔低于 1 000m 的称为低山。

山地气候还具有明显的垂直分布和小气候特点，主要表现为：随着海拔高度的变化，往往出现气候和土壤的垂直分布带，如图 5-29 所示。一般是气温随着海拔增加而降低。由于气候的垂直分布，形成了山地植被和土壤垂直分布带。由于坡形、坡向、坡度的变化，山地气候垂直分布带的变化也趋于复杂化。

图 5-29　山地

山地作业是最能体现飞手大局观的一项考验，山地作业中控制点的选择直接决定了作业效率的高低，因为山地作业一般都要搭建观察台才能保证作业安全，在山地搭建一个观察台的时间一般不会低于 90min，所以预先观察好地形很重要。山地作业不可以由高向低飞行，这样极易导致炸机，原因是从高向低观察无人机时无人机与作物融为一体，无法观察无人机与作物之间的高度差；而由低向高处作业会以天空为背景清晰分辨无人机与作物之间的高度距离，如图 5-30 所示。

图 5-30　山地飞防

5.5.1　马尾松毛虫防治作业

马尾松毛虫属鳞翅目枯叶蛾科松毛虫属的一种昆虫，又名毛辣虫、毛毛虫。它分布于秦岭至淮河以南各省，主要为害马尾松（见图 5-31），亦为害黑松、湿地松、火炬松，是我国历史性森林害虫，以幼虫取食松针，大发生时连片松林在数日内即可被蚕食精光，远看枯黄、焦黑，如同火烧一般，常称为"不冒烟的森林火灾"。被害松林轻者影响生长，重者松树枯死。马尾松毛虫危害后容易招引松墨天牛、松纵坑切梢小蠹、松白星象等蛀干害虫的入侵，造成松树大面积死亡。如果正值天牛虫害纷飞季节，繁殖传播速度惊人，如不选择最佳时机杀灭虫源，将给国家和森林承包者带来不可估量的经济损失。对马尾松毛虫的飞防作业如图 5-32 所示。

作业时间：2017 年 4 月。

地点：安徽潜山。

作业目的：防治松材线虫。

天气：晴、10℃ 以上。

飞行高度：2 ~ 3m。

飞行速度：3.5m/s。

图 5-31　马尾松毛虫

拟除虫菊脂是目前防治松毛虫的主要药剂，杀灭松毛虫效果特别好，灭幼脲可抑制昆虫体壁几丁质的合成，杀虫作用方式独特，对环境和有益生物比较安全，而且有较长的残效期，对防治后的幸存松毛虫有极好的后效作用。对松毛虫卵、幼虫、蛹、成虫4种虫态均有杀灭作用。2.5% 溴氰菊酯每亩 1mL、20% 杀灭菊酯或 20% 氯氰菊酯每亩 1.5mL、50% 敌敌畏油剂、25% 乙酰甲胺磷油剂或杀虫净（40% 敌敌畏 +10% 马拉硫磷）油剂，用量均为每亩 150 ～ 200mL；亦可采用 20% 伏杀磷每亩 10mL 以及 20% 灭幼脲 1 号胶悬剂10 000 倍液，即用原药 7 ～ 10g。

图 5-32　对马尾松的飞防作业

5.5.2　桃树桃蚜防治作业

桃蚜 1 年发生 10 ～ 20 代，以卵在桃树芽腋、裂缝和小枝杈等处越冬。来年 3 月中、下旬开始孵化，群集芽上为害。嫩叶展开后，群集叶片背面为害，并排泄蜜状黏液。被害叶呈不规则卷缩状，影响新梢和果实生长。雌虫在 4 月下旬至 5 月繁殖最盛、危害最大。5 月下旬后产生有翅蚜，迁飞至第二寄主上繁殖。10 月有翅蚜又迁飞至桃树上为害，并产生有性蚜交尾产卵越冬。

本次作业桃树植株较小，故作业间距设置为 4m，尽量让植保无人机能够每次喷幅沿每行树顶作业，使药液利用率达到最大化。用药信息见表 5-7。

表 5-7　用药信息

农药名称	剂型	有效成分及含量	亩用量
高效氯氰菊酯	水乳剂	4.5%	100mL/ 亩
烯啶虫胺·吡蚜酮	水分散粒剂	80%	50g/ 亩
吡蚜酮·噻虫胺	悬浮剂	30%	55g/ 亩
戊唑·咪鲜胺	水乳剂	45%	50g/ 亩
飞防增效剂	—	—	20mL/ 亩

因果树是高秆作物故关闭定高雷达，使用气压计定高；使用航线规划、强沉降模式；无人机与作物之间保持 1.5m 的高度；飞手工作时站在"人"字梯上，确保可以看到无人机与最高处桃树，保证作业安全。

作业时间：2018 年 5 月。

地点：陕西大荔县。

作业目的：防治桃蚜。

天气：晴、23 ～ 28℃。

飞行高度：2 ～ 2.5m。

飞行速度：2.2m/s。

作业后 4 天进行回访，实际作业效果高于农户预期效果，农户对植保无人机的飞防效果高度认可，认为喷药均匀且航线规划合理，不重喷和漏喷，桃蚜防治前后对比如图 5-33 所示。

a)   b)

图 5-33　桃蚜防治前后对比

 防治前　　防治后 4 天

5.6　飞防经验总结

5.6.1　摔（炸）机总结

无人机因为各种原因掉落到地面就称为摔（炸）机，它们的区分是：

无人机掉到地面之后没有大的损伤还能重新飞行叫作"摔机"；如果掉到地面后出现了故障或部件损坏不能重新起飞，就叫作"炸机"。

1. 外部原因

无人机碰到以下障碍物：电线杆、塔架、风力发电机、电线、拉绳、树木、芦苇等。

如果有以上障碍物，要根据障碍物走向、区域分布特点顺着障碍物走向手动操作作业，切勿迎障碍物飞行，因为迎向障碍物飞行无法准确判断与障碍物的距离与高度差，极易造成挂线或碰撞炸机；而顺着障碍物飞行能够准确判断与障碍物的距离，喷洒宽幅一般能多出旋翼外1m以上，保持安全距离。田间电线杆与电线的情况如图5-34所示。

图5-34 田间电线杆与电线的情况

另外电磁环境复杂、恶劣天气、飞鸟撞击等也能导致摔（炸）机；液体进入电池平衡头、电子电路、电调、电动机造成短路等也是导致无人机摔（炸）机的外部原因，如图5-35所示。

图5-35 农药进入电池平衡头导致短路燃烧

2. 人员原因导致摔机

因操作人员自身原因导致摔机的情况一般有以下几种：

1）基本功不扎实，遇到突发情况慌乱中打错操作杆使无人机摔机。作业时，将遥控器放在地面等易触碰到的地方，遥控器被误碰导致摔机。田间作业时，因田间土质松软导致作业人员摔倒，遥控器进水（误碰）导致摔机。

2）上班次作业人员遥控器摇杆模式与本班次人员不同，接机后没有检查和修改就起飞导致摔机。飞手起飞时应该按照标准操作规范对尾起飞，每次起飞前都应该观察植保无人机的机头方向，如果飞手没有确认植保无人机机头位置就直接起飞，有可能造成摔机或出现伤人事故。

3）平时无人机保养不善导致散热通道被堵塞、积尘过多导致电路散热不良或短路；作业前没认真检查、带"伤病"作业（桨或支架有裂纹、螺钉松动等）导致摔机；电源插头长期打火变黑，电阻增加，插头受热熔化进而导致整机断电摔机；电源插头没有插紧，作业过程中松动导致整机断电摔机；连续过载作业导致电动机过热失磁而炸机。

4）无人机长距离运输或长时间没有工作，没做磁罗盘校准就起飞导致摔机。

5）飞手在作业季休息时间不足、疲劳驾驶，操作时对植保无人机的飞行状态以及周围环境判断有误而造成摔机；所以飞手一定要保证充足的睡眠，并且注意在非作业时间及时午休，切不可不顾身体状态而疲劳驾驶。观察手的工作相对枯燥，并且在作业季工作强度高、休息时间少，所以观察手处于 B 点有可能发生瞌睡、走神等情况，可能没发出指令或发出错误的指令而导致摔机。飞手一旦发现植保无人机即将接近 B 点，观察手却没有任何反馈，应及时拉高无人机进行悬停（低空悬停有可能伤害作物）并确认观察手的状态。

6）无人机远距离起降比在视线内起降摔机的概率高，所以在允许的情况下应尽量避免在视线距离外起降植保无人机。

由于操作人员自身原因造成的摔机，在大多数情况下是可以避免发生的，飞防企业应加强对员工的能力培训、增强其责任心、建立完善的规章制度，即可有效防范摔机事故的发生。

5.6.2　飞防配、用药技巧

飞防配药不同于常规配药，常规配药一般稀释倍数在 200～1 500 之间，而飞防用药稀释倍数在 25～35 左右，浓度高于常规用药 7～50 倍。常规喷药是把药液全面覆盖叶片，从而达到杀虫、杀菌的效果。飞防施药是将高浓度农药雾化成为 70～200μm 的雾滴，均匀地喷洒在叶子的正背面，15 滴 /cm² 即为合格，每一个雾滴都有杀伤半径，因为浓度高，所以药效也要比人工施药好一些，但不是所有的常规农药都适用于飞防施药。如不可溶或慢溶性颗粒剂和干施粉剂、石硫合剂（石硫合剂对浓度配比要求很高，浓度过高会对树叶造成烧蚀；自制型石硫合剂沉淀物较多且沉淀物颗粒较大容易堵塞喷头）、封闭型杀虫剂（对于喷量要求很大，否则无法达到封闭效果，无人机无法满足喷洒量要求）或除草剂（对于施药期、喷洒量和环境要求较高，极易造成药害或环境药害等重大损失）；一些激素类化控农药对喷洒量精度的要求非常高，在杧果、荔枝和棉花的控梢、控枝上应更加谨慎；一些防止炭疽、灰霉病等使用的三唑类农药要在常规用量基础上至少降低 50% 才可以避免出现药害。

飞防农药混配一定要进行二次稀释，混配的农药依次单独进行 10 倍稀释放在不同的容器中，然后根据微肥、水溶肥、可湿性粉剂、水分散粒剂、悬浮剂、微乳剂、水乳剂、乳油依次加入，最后根据亩喷量计算总喷洒量并加水补齐、搅拌均匀。其中，如果有可湿性粉剂和乳油制剂同时施用时，乳油制剂不能和可湿性粉剂混配，必须将乳油制剂根据总稀释倍数配好搅拌均匀单独存放，等待加入药箱前按比例和其他药液混配、搅拌均匀后加入药箱，否则乳油制剂会和可湿性粉剂产生化学反应而产生沉淀和析出，化学上也叫作"絮凝现象"，造成药效降低和堵塞喷头现象。特别提醒：乳油制剂在高温下高浓度施用时会造成果面灼伤，高温季节飞防作业避免使用乳油制剂，尽量换用其他剂型农药。在果树作业使用可湿性粉剂是一种常态，使用锥形喷头可以有效避免喷孔堵塞。

根据对各型无人机多次测试，无人机最佳的作业飞行速度应在 4～5m 之间，在这个飞行速度区间无人机的风场与药液的配合是最好的，超出或低于这个速度都会造成作业效果欠佳。如果药液流量无法满足作业需求，建议采取分两次十字交叉作业法满足药液亩用量，这种方式更适合果树作业，而且药物附着更加均匀。

在飞防作业中，农药和用药技巧对作业效果的影响所占比重最大，用药不慎甚至会造成减产、绝产，因此掌握植保常识对提高作业效果和杜绝质量事故有至关重要的作用。

1）敏感农药：抗病毒类和杀菌类农药在高浓度施药过程中容易造成药害，如戊唑醇、咪鲜脂等，杀虫类的农药（如虫螨腈等）也容易造成要害，这类农药禁止按常规施药用量使用，建议减量 20%～30% 施用。

2）敏感作物：瓜菜类作物苗期对高浓度药物比较敏感，建议提前小面积试用后再进行大面积作业；另外豇豆也已经多次在飞防作业中出现药害，属于高危作物，建议谨慎用药。

3）对于繁殖迭代率较高的害虫要根据作业周期适时调整用药方案，不能只使用一种配方，比如，小麦蚜虫飞防作业一般在预防期，作业 3～5 天后调整用药方案。

4）可湿性粉剂的使用技巧：无人机飞防作业应尽量避免使用可湿性粉剂，如果必须使用可湿性粉剂，应避免可湿性粉剂与乳油制剂混合使用，因为乳油制剂与可湿性粉剂混合会造成药液黏稠度高或不易溶解，会增加水泵的工作压力并堵塞喷头；配药前把粉剂放在药箱过滤网中抖动，如果药液可以顺利从过滤网中渗漏出来则可以施用，否则建议选择替换药品。

配制飞防用药一定要做到二次稀释，否则容易引起原药之间的化学反应，造成药效不佳或结晶，甚至产生药害。先将每种农药以 5～10 倍稀释，然后混配在一起加水至适量后搅拌均匀使用。

农药混合使用有严格要求，必须依据药剂本身的化学和物理性质、病虫草害发生规律和生活史等来判断是否能混合或需要混合。各种农药能否相互混合使用，主要考虑以下几方面的问题：

扫码看视频

1）要明确农药混合使用的目的，不能为了混用而混用。

2）农药混合后不应发生不良的化学和物理变化。

3）混合后的混合药液对作物不能产生药害。

4）药剂混合后应提高混合药液的药效，至少不应降低药效。

配药（二次稀释法）

5）药剂混合后，其混合液的毒性一般不能高于各自原来的毒性，也就是说不能增毒。

5.6.3　蔬菜、瓜果及其他经济作物作业技巧

蔬菜、瓜果对药物比较敏感、茎秆柔韧性差且较脆，飞行高度控制不好就会伤害作物导致减产或绝产，还有的伏地类瓜果会因无人机下压风场较大翻秧而影响产量，苗期作物更要注意控制飞行高度，如图 5-36 所示。例如，扁豆、无筋豆、苗期瓜果、苗期辣椒、烤烟等都要注意选择不同的飞行高度并且禁止在作物上空悬停。

图 5-36　豇豆引蔓支架及草莓

平原、丘陵和山地果树作业大都是杀虫杀菌混合作业。害虫不仅寄生在果树上，还寄生在行间杂草和周边杂草中，杀虫不彻底很快就会造成害虫迁移并再次发生虫害。果树大多都以塔形结构为主，树膛部分枝叶茂密、树枝粗壮，无人机应以树秆为圆心旋转喷药来增加果树下层枝叶着药效果。亩喷洒量是根据树龄大小、树冠厚度、叶片大小、叶表面积等因素综合考虑，从 1500mL～4 500mL 不等；飞行速度根据喷洒量需求设置在 2.5～4.5m 之间。

我国果树种类丰富，大面积种植的果树种类主要有苹果、柑橘、梨树、桃树、香蕉、猕猴桃、荔枝、莲雾、槟榔、石榴、火龙果、枣树等，各种果树的树冠大小、高低不同，树叶大小、厚度、蜡质层不同，树枝柔韧性、抗风强度也不一样，更特别的是很多柑橘都长有棘刺，从 5～6mm 到 1～2cm 不等，在这类果树作业时一定不能造成树枝有较大幅度的横向摆动，否则果面会划伤造成溃疡、斑疤，影响果品等级并造成经济损失。对于猕

猴桃这类果实密集、水分较大的果树，盛果期应尽量避免作业，以免造成农药残留和因风场果实相互碰撞造成溃烂，形成减产或绝产损失。

按照《农药管理条例》规定，任何农药产品都不得超出农药登记批准的使用范围使用。禁止氧乐果在甘蓝上使用；禁止三氯杀螨醇和氰戊菊酯在茶树上使用；禁止丁酰肼（比久）在花生上使用；禁止特丁硫磷在甘蔗上使用；禁止甲拌磷、甲基异柳磷、特丁硫磷、甲基硫环磷、治螟磷、内吸磷、克百威、涕灭威、灭线磷、硫环磷、蝇毒磷、地虫硫磷、氯唑磷、苯线磷在蔬菜、果树、茶叶、中草药材上使用。

❖ 拓展阅读

通过学习飞防企业在国内外的成功案例，可以看到我国无人机植保技术在国际上的领先地位。企业在承接飞防订单、任务分配、作业准备等方面展现出的高效管理和专业能力，不仅为我国农业现代化做出了贡献，也提升了我国农业科技的国际影响力。

飞防企业的经营与管理经验，尤其是在设备检查和作业人员安全等方面的严格要求，体现了工匠精神的精髓。这些企业注重细节，追求卓越，确保每一项作业都能达到最高标准。同时，飞手在面对不同地形和作物类型的飞防作业中，不断创新作业模式和技术应用，如在平原、丘陵、山地等不同地形中的成功案例，展示了创新意识在实际应用中的重要性。同时，这些案例也强调了在飞防作业中避免药剂对动植物产生伤害的重要性，体现了绿色植保理念。

思考题

1. 简述如何承接飞防作业订单。

2. 阐述如何避免各类飞防事故。

3. 阐述平原、丘陵、山地作业各有什么特点。

4. 蔬菜、果树作业需要注意哪些方面的内容？

植保无人机
的维护与保养

第6章

本章重点

本章主要介绍植保无人机子系统（动力系统、电力系统、控制系统、喷洒系统）和整体（维护周期、例行检查、常规保养、快速保养）的维护与保养。植保无人机精密度高、工作环境恶劣，维护保养的重点在于对喷头、水泵、药液管路、电池插头等易污部件的清洁。做好易污部件的清洁能延长植保无人机的使用寿命和降低使用故障率。植保无人机一旦出现故障，其维修的代价相当高，因此日常的维护与保养非常重要。本章将对植保无人机的维护与保养进行详细讲解。

学习目标

了解植保无人机各个子系统和整体的维护保养流程；理解植保无人机易污部件维护保养的重要性；掌握植保无人机常见故障的维护技能。

6.1 子系统的维护与保养

6.1.1 动力系统

动力系统是植保无人机的核心，在作业过程中一旦出现故障，往往损失惨重，因此只有保持动力系统设备的状态良好，才能提高飞防团队的整体收益。

1. 螺旋桨

螺旋桨（见图6-1）是农业植保无人机消耗最快的配件，在大部分的飞行事故中都有可能使螺旋桨发生断裂与破损（见图6-2）。

图6-1　螺旋桨　　　　　　　　图6-2　残缺破损桨叶

螺旋桨在使用了一段时间后，或多或少都会出现一些故障。螺旋桨常见故障及简单的处理方法见表6-1。

表6-1　螺旋桨常见故障及简单的处理方法

问　题	表　现	处　理
螺旋桨与机臂属性不一致	无人机未起飞就侧翻或者空中自旋	每次更换桨叶必须反复检查螺旋桨和机臂的属性，更换桨叶后进行试飞，轻微拨动遥控器摇杆观察无人机桨叶状态，确定无误后再推大油门
螺旋桨桨叶残缺	无人机振动加大，操作迟钝、失灵，影响无人机安全	发现桨叶有裂纹、残缺立刻成对更换桨叶
螺旋桨桨叶垂直方向（上下方向）晃动	拨动桨叶可轻易发生垂直方向晃动	定时检查桨叶螺钉，用高强度的螺钉胶锁紧，定期检查

2. 电动机

电动机（见图6-3）是植保无人机动力系统的核心部件，是将电池电能转化为机械能、为无人机提供升力的核心部件之一。植保无人机的电动机工作环境恶劣，疲劳操作、水雾、药液附着是其损坏的首要因素。

图6-3　电动机

电动机的日常维护检查尤为重要，要及早发现设备的异常状态，及时进行处理。电动机的定期维护检查内容见表6-2。

表6-2　电动机的定期维护检查内容

常见故障	故障表现	解决方法
粉尘的堆积	电动机电路接触不良，短路，转轴阻力大	用毛刷和吹风机清除粉尘
进水、进液导致电动机损坏	轴承损坏，电动机旋转有杂音，阻力较大	根据不同的问题决定是维修还是换新
电动机发生过撞击，动平衡破坏	卸掉螺旋桨之后，旋转产生的振动明显大于正常电动机	及时更换相同规格的新电动机
电动机转向错误	无人机起飞就侧翻，或者起飞后在空中高速旋转	当发现电动机转向错误，调换电动机的任意两根线即可反向

注意事项：

每天作业完毕后用湿抹布清洁电动机外表，去除农药附着。一般不能用流水或者水管直接冲洗电动机，以免电动机内部进水导致损坏。要定时检查电动机动平衡是否良好。

如果无人机在悬停时出现无故侧倾或无法顺利降落，则有可能是电动机出了问题。可先尝试重新校正机身后再起飞，若仍然出现问题，那么一定要及时送厂检修，避免出现电动机停转导致无人机失控甚至坠毁。无人机飞行前要确认电动机与螺旋桨固定，飞行后及时检查清理电动机是否藏纳污垢。在拆卸前，要用压缩空气吹净电动机表面的灰尘，并将表面污垢擦拭干净。

选择电动机解体的工作地点，清理现场环境。熟悉电动机结构特点和检修技术要求。准备好解体所需的工具（包括专用工具）和设备。为了进一步了解电动机运行中的缺陷，有条件时可在拆卸前做一次检查试验。将电动机带着螺旋桨试转，详细检查电机各部分温度、声音、振动等情况，并测试电压、电流、转速等，然后卸下螺旋桨，单独做一次空载检查试验，测出空载电流和空载损耗，做好记录。

6.1.2 电力系统

1. 电池

电池是植保无人机的核心动力来源，植保无人机对于电池的性能要求特别高，目前绝大多数植保无人机电池都采用聚合物锂离子电池。由于植保无人机工作的特点，植保无人机的电池电压下降得非常快，控制不好就容易过放，轻则损伤电池，重则电压太低造成炸机。无人机电池过放，对植保无人机电池寿命损害非常大，因此要格外注重对电池的日常保养。

（1）正确保养植保无人机电池

定期检查电池主体、把手、线材、电源插头，观察外观是否受损、变形、腐蚀、变色、破皮以及插头与无人机的接插是否过松。每次作业结束，需用干布擦拭电池表面及电源插头，确保没有农药残留，以免腐蚀电池。飞行结束后电池温度较高，需待飞行电池温度降至 40℃ 以下再对其充电（飞行电池充电最佳温度范围为 5 ~ 40℃）。作业结束后，建议对电池进行慢充。

冬夏两季要特别注意：

夏季：从户外高温放电后或高温下取回电池最好不要立即进行充电，待电池表面温度下降后再对其进行充电，这样可以提高电池的使用寿命。夏季气温比较高，电池禁止暴晒在阳光下。

冬季：在北方或高海拔地区常会有低温天气出现，此时电池如果长时间在外放置，它的放电性能会大大降低，如果还要以常温状态时的飞行时间去飞，那么一定会出问题。此时应将报警电压降低，因为在低温环境下压降会非常快，报警一响立即降落。还要给电池做保温处理，在起飞之前电池要保存在温暖的环境中，要起飞时快速安装电池并执行飞行任务。在低温飞行时尽量将时间缩短到常温状态的一半，以保证安全飞行。放电后电池采取有效的保温措施（如使用保温箱保存），以确保电池的温度在 5℃ 以上，低温环境下电池的续航时间会有明显缩短，出现低电量报警后必须立即返回降落。

（2）电池不过充

有些充电器（见图 6-4）在充满以后的断电功能不完善，导致单片电池充满到 4.2V 还没有停止充电，另外有些充电器使用一段时间后，因为元器件老化，也容易出现充满不停止的问题，而如果锂电池过充，轻则影响电池寿命，重则直接出现爆炸起火。为了防止锂电池过充，应注意以下几点：

1）使用原厂专用的充电器。植保无人机专用充电器具备充电和保养功能，拥有过压、过充、过流等多重充电保护，操作简单，一体化设计，转场方便。

2）准确设置电池组的电池单体个数。充电的前几分钟必须仔细观察充电器的显示屏，在上面会显示电池组的电池个数。如果不清楚，就不应充电。

3）新锂电池组第一次充电前，需检查电池组每个电池单体的电压。

4）无人照看时不要充电，充电时一定要按照电池规定的充电 C 数或更低的 C 数进行充电，不可超过规定充电电流。

图 6-4　植保无人机电池充电器

（3）电池（见图 6-5）的日常使用注意事项

1）电池不满电保存。用户应在无人机使用前充电。若植保无人机充电后未起飞，充满后 3 天内应将电池放电到存储电量。如果三个月内未使用电池，则应将电池充放电一次后继续保存，这样可延长电池寿命。

2）电池安全放置、轻拿轻放。

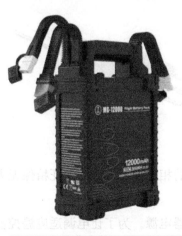

扫码看视频

锂电池充放电与维护

图 6-5　植保无人机电池

3）低温气候在起飞前要给电池做保温处理，将电池保存在温暖的环境中，如房屋内、车内、保温箱内等，要起飞时快速安装电池并进行飞行。

4）电池安全运输。电池最怕磕碰和摩擦，运输磕碰可能引起电池外部均衡线短路，导致电池打火或者起火爆炸。长途运输应把电池放置在专用的电池防爆箱，如图6-6所示。

图6-6　电池防爆箱

5）远离农药，防止电池腐蚀。作业中的药水对电池有一定腐蚀性，外部防护不到位也会对电池造成腐蚀。

2. 电调

植保无人机电调（见图6-7）在机身内部，日常无法接触。作为使用者需要注意以下几点：

1）在使用全新的无刷电调之前应仔细检查各个连接是否正确、可靠（此时请勿连接电池）。

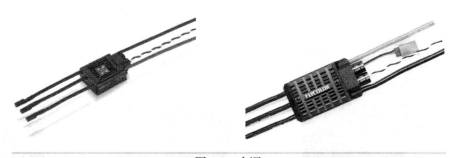

图6-7　电调

2）在使用过程中电调的状态取决于各部分机组的相互配合，因此保证植保无人机整体的工作性能也有利于电调的维护。

3）将遥控器油门摇杆推至最低位置，接通遥控器电源。为了让电调适应遥控器的油门行程，在首次使用电调或更换其他遥控器时，均应重新设定油门行程，以获得最佳的油门线性。

4）将电池组接上无刷电调，调速器开始自检，系统准备就绪后，推动油门启动电动机。若无任何反应，请检查电池是否完好、电池连线是否可靠。上电后如果电动机无法启动，无任何声音，可能是因为电源接触不良，需要重新插好插头或更换插头；电动机反转可能是因为电调输出线和电动机线连接的线序错误，需要将三根输出线中的任意两根对调。

5）随机性的重新启动和工作状态失常可能是因为环境中具有极强烈的电磁干扰，电调的正常功能会受到强烈电磁波的干扰。

6）当推动油门启动后，如果在两秒内未能正常启动电动机，电调将会关闭电动机，油门需再次置于最低点后才可以重新启动（出现这种情况可能是因为电调和电动机连线接触不良或有个别输出线断开，螺旋桨被其他物体阻挡，减速齿卡死等）。

7）当电调工作温度超过110℃时，电调会降低输出功率进行保护，但不会将输出功率全部关闭，最多降到全功率的40%，以保证电动机安全。

8）避免上述的问题后可以尽可能地增大电调的使用寿命。

6.1.3　控制系统

1. 遥控器

1）切忌在潮湿、高温或多灰尘的环境中使用。潮湿的空气极易腐蚀内部电路，出现问题后很难修复，只能选择更换新的产品。而在高温的工作环境里，遥控器（见图6-8）的塑料外壳与内部电子元器件都会加速老化。

2）避免遥控器受到强烈的振动或从高处跌落，以免影响内部构件的精度。

3）注意检查遥控器天线是否有损伤，遥控器的挂带是否牢固以及与无人机连接是否正常。

4）随着使用时间的增加，遥控器表面难免会出现污损等情况，为了延长遥控器的使用时间，还需要对遥控器进行清洁。

5）如果长时间不使用，要及时把内部的电池取出，防止长时间搁置而导致内部电池液渗出，污染到遥控器的电池仓，对遥控器的电源触头造成锈蚀。

6）运输时应将天线折叠，避免天线折断。

7）如遇摇杆未在中立点，需对摇杆进行校正。飞行之前必须检查遥控器的摇杆模式，避免摇杆模式错误（摇杆模式错误将导致飞行器产生撞机、侧翻等风险），在摇杆模式更改后，需要压杆确认摇杆模式无误再起飞。

8）通常遥控器内部的电子元器件十分精密，所以不能直接使用清水来清理表面的污垢。有耐磨镀层的遥控器也不得使用汽油或者酸性、碱性的清洁剂来保养。使用快干胶在遥控器表面均匀包裹，待其干燥之后就可以揭下，这样吸附在表面的污垢、细菌等都可以清理下来。

图6-8 植保无人机遥控器

2. 传感器

一般植保无人机传感器置于机体内部，日常无需特意维护保养。对于部分外置传感器（见图6-9）为了获得更好的测量效果，需要定期对传感器进行维护与保养。维护与保养主要包含传感器的清洗、检查传感器是否损害以及定期的校准。

建议每隔一段时间（一般为3个月，视现场环境而定）对传感器进行清洁，以保证测量准确。

用湿的软布进行擦拭。不要将传感器放在阳光下直射或者通过放射能够照到的地方。

（1）传感器损坏检查

检查传感器外观是否有破损，如有破损要及时联系售后维修中心更换，防止因为破损导致传感器进水而产生故障。

（2）传感器的保存

不使用时，应盖上产品自带的保护帽，避免阳光直射或暴晒、保护传感器不受冰冻影响。长时间保存前将传感部位清洗干净，将设备放在运送箱内或具有防电击的塑料容器内，避免用手或其他硬物接触及刮花传感器。

图6-9 传感器部件（以机载成像摄像头为例）

6.1.4 喷洒系统

1. 水泵

植保无人机的水泵（见图6-10）应保持清洁、干燥、无油污、不泄漏。

检查水泵的运行声音是否正常，发现问题及时处理，严禁在药桶中的液体被抽空的状态下工作。

水泵内严禁进入金属物体以及胶皮、棉纱、塑料布之类柔性物质，以免破坏水泵的过流部件及堵塞叶轮流道，使水泵不能正常工作。经常检查水泵进、出水管路系统（管件、阀门）的支撑机构是否有松动，要确保支撑机构牢靠，泵体不承受支撑力。水泵长时间不用时，应将水泵拆开做防锈处理，重新装好后妥善保存，以备下次再用。

水管路必须保证高度密封，检查水泵及水管路的连接处是否有松动。尽量控制水泵的流量和扬程在注明的范围内，以保证水泵在最高效率点运转，获得最大的节能效果。如果水泵长期停用，需将水泵内部水分全部处理干净，可用吹风机、干抹布等工具。一定要注意防止水泵锈蚀，当水泵不用时应擦拭干净，放在通风干燥处。如果水泵的表面受损脱漆，应及时清除锈迹、涂抹防锈漆来加以保护。

图 6-10　水泵

2. 滤网

滤网（见图 6-11）的作用是对药箱里较大的药物进行过滤，防止堵塞喷头，影响喷洒效率。

在每次使用之后，应用水浸泡，用刷子刷去滤网表面的残留物，滤网属于易损物品，需要准备多个，以备紧急情况使用。

图 6-11　滤网

3. 喷头

植保无人机在病虫害防治中用得越来越多,但因药液问题导致喷头(见图6-12)堵塞也让飞手头痛不已,喷头堵塞严重影响了作业效率和作业效果。下面将介绍一些方法来避免植保无人机喷头堵塞。

有些药剂混合后极其浓稠,甚至产生沉淀,会增加喷头被堵塞的概率,影响作业效率。提前过滤药液很有必要,这时可以使用过滤网或者高密度滤网来过滤药液,提高植保无人机的作业质量和效率。过滤网要考虑到空隙不能太大也不能过密,一定要使用合适的滤网,最大限度地减少堵塞。

长时间作业会使滤网外层形成一圈黏性的药膜(尤其是粉剂)阻挡药液的喷洒,因此要勤清洗。解压阀部位也会有药剂沉淀,药箱每次作业完都要第一时间反复清洗,不要影响下次的喷药质量,其次把药箱的沉淀物清洗掉,避免堵塞。

喷头的插口不能用手摸,以防氧化。安装时,喷头插口必须对准,不能硬插,如果接触不好,喷头就不能正常工作。喷头前面的喷嘴由特殊物质制成,在喷头保存、装卸、清洗、浸泡时要小心。喷头的堵塞一般都是长期积累的结果,用户在使用时一定要时刻保持喷头的畅通状态。正在使用的喷头要定期进行彻底清洗,长时间不使用时可将喷头拆下,浸泡清洗。

1)简单清洗:可用软毛刷等蘸喷头清洗液将喷嘴外的残留物清洁掉,用吸尘器将喷头内的残留液吸出,使喷嘴畅通。

2)中度清洗:清洗前先用带清洗管的注射器吸满清洗液;清洗时,先拔下软管,然后将清洗管插入喷头进药口中,使带有压力的清洗液从进药管进入喷头,直至喷头内的残留物被冲洗干净。

3)深度清洗:喷嘴堵塞严重的喷头必须拆下彻底清洗,可长时间浸泡(溶解喷嘴内凝结的药液),或用超声波清洗机清洗(注意清洗时间不能太长),也可直接交给清洗喷头的公司处理。

图6-12 喷头

4. 药箱

药箱(见图6-13)是系统中接触农药最多的元件,首先需要保持泄气阀清洁畅通,同时药箱接口需要保持清洁，保证伸缩管弹性正常。

水泵、药箱、电池的接口需要保持清洁。水泵的滤网要注意清洁，避免影响造成堵塞。

每天作业完毕应向药箱内灌入清水并开启水泵，冲洗整个喷洒系统。

不同使用类型的药剂一定要注意避免在药箱内混用。

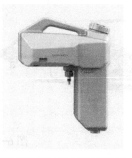

图6-13　药箱

5．橡胶管

橡胶管（见图6-14）是由天然橡胶和其他合成橡胶按照比例配方制成，时间长了会氧化腐蚀，橡胶接头制品中含有挥发物质，无论是在潮湿环境中，还是在干燥环境中，都会缩减它的寿命。

使用或保存橡胶接头时应避免高温、油及酸碱环境，严禁暴晒、雨淋、风蚀。接头表面严禁刷漆和缠绕保温材料。因橡胶制品存在老化问题，应及时检查更换。

图6-14　橡胶管

6.2　整体的日常维护与保养

6.2.1　维护周期

1．整机清洁

周期：作业期间必须每天清洁，非作业期间可每月清洁一次。

要点：主要指机身主体（见图6-15）的清洁工作，如大桨、尾桨、机身板、尾杆、外露轴承的清洁工作。外露轴承建议涂上润滑脂，以达到润滑、防锈、防腐蚀的目的。清洁过程中注意观察大桨、尾桨和尾杆的完整度、是否膨胀、是否开裂等情况，机身的固定螺钉是否有松脱等现象。定时检查动力系统部件工作是否正常，在查出相关隐患后必须及时清除。将清水倒入药箱，开启水泵冲洗整个喷雾系统，并重复2～3次。

图6-15 无人机整机外观

2. 喷洒系统清洁、检查

周期：作业期间，每天要检查确认，非作业期间可每月检查确认。

要点：检查水泵、喷头是否堵塞，管路是否畅通。

3. 电池检查

周期：作业期间，每天要检查确认，非作业期间可每月检查确认。

要点：检查电池电线是否破损，电池是否有膨胀，电压是否正常。

4. 遥控器清洁检查

周期：作业期间，每天要检查确认，非作业期间可每月检查确认。

要点：注意防潮、防尘、防暴晒，有条件的可以用风枪吹干净；检查各个操纵杆、按键是否正常工作。

5. 存放点检查

周期：作业期间，每天要检查确认，非作业期间可每月检查确认。

要点：机身存放点需注意防火、防潮、防尘、防暴晒，远离可能形成线路漏电的场所。电池和遥控器建议存放在单独的箱子里，箱子的存放点也需注意防火、防潮、防暴晒，远离可能形成线路漏电的场所。

6. 线路检查

周期：作业期间建议每天检查。

要点：检查线路是否破损、受药水腐蚀状况。

植保无人机属于精密器械，任何部件的微小变动都会影响其飞行状态和使用寿命。因此，不仅在其使用、转运和存放的过程中要小心谨慎，在其日常的保养工作中也要非常重视。植保无人机的保养工作在很大程度上决定了其使用的寿命。

6.2.2 例行检查

在农田中进行植保作业会经常接触沙尘及多种腐蚀性药物。为了保证无人机及相关设备的正常使用，需要在每次使用后进行清洁和保养。无人机桨叶、电动机、药箱、水泵是日常维护保养的重心。

1）检查机体框架结构是否牢固，机臂及脚架是否完好，螺旋桨有无破损，是否存在裂纹。

2）转动电动机查看有无异响、卡转的现象，检查轴承是否晃动，内外滚道有无虚位剥落、磨损痕迹。

3）飞机与药箱的连接插口需保持洁净，检查电池插口有无变形、是否牢固。检查流量计，拆开检查叶轮是否完好，有无被腐蚀现象。

4）检查电调线及外部线缆连接是否正常，有无破损。

5）检查喷洒系统管道有无腐蚀破损情况。

6）喷头需要时刻保持清洁。

7）检查无人机喷洒系统。无人机长时间使用之后，由于药物的残留和腐蚀，实际的流量与测试流量不一致，此时需要进行检测。在药箱中装入大于1L的清水，校准的喷头下面放置一个大于1L的量杯，设置喷洒1L药液，启动水泵开始喷洒，喷洒完成后，观察喷出水量是否是1L以验证流量计的准确性。

6.2.3 常规保养

植保无人机及相关附属产品在环境复杂的田间地头作业，灰尘、药液、露水、杂物等外在的因素会对产品性能带来影响，需要及时清洗维护并保养设备，包括清洗擦拭、加润滑涂油、检查校准、更换易损件等，保证设备工作时处于最佳状态，延长产品的使用寿命。

1）植保无人机机身的（见图6-16）保养。多旋翼无人机机身采用强度高、重量轻、耐腐蚀的碳纤维和铝合金等材料，由于飞防作业喷洒的药液和田间的灰尘会吸附在机身上，作业后需要及时用抹布擦拭机身上的药液，避免长期积累发出刺鼻的农药味，危害人员的身体健康。

2）和药液直接接触的喷洒系统的保养。喷洒系统包括药箱、管路、水泵、喷头、喷嘴、流量计等。农药属于化学制剂，对金属、塑料有一定的腐蚀性，作业结束后应及时用清水冲洗喷洒系统中残留的药液直到清水流出，在清水中用毛刷刷洗喷嘴。若作业时喷洒的是有吸附性的除草剂、生长调节剂，作业结束后要用含有洗衣粉的温水浸泡和反复清洗，定期检查、更换喷嘴和流量计。

3）植保无人机动力系统的保养。动力系统主要包括锂电池、插头、电动机等组件，智能电池在充电、存放过程中的使用方法不对，会对其寿命产生影响。一般来说锂电池的充电电流在1～2C之间，没有紧急情况建议用小电流充电。在高温条件下充放电容易引起电池鼓包，锂电池亏电储存对其寿命有显著不利影响，长时间储存的电量应保持在50%～60%

之间，每隔三个月充放电一次。

锂电池配备专门的智能平衡充电器，其充电功率高（额定功率在 1 000W 左右）、电流较大，选用插座时要考虑电流承载能力，一般农村家用电线能够承载 4 个充电器同时使用；插头的保养一般容易被忽视，常常会出现公插头发黑、打电火花等情况。植保无人机上的插头具有防打火能力，出现上述情况说明插头的表层绝缘涂料磨损，所以在飞防作业过程中要及时反复用毛刷清理插头的灰尘。

图 6-16　植保无人机机身

6.2.4　快速保养流程

1）清洗外观：无人机的植保作业环境复杂，设备外表面会黏附大量的药液和灰尘，必须及时清洗以避免组件被腐蚀而影响正常工作。

2）结构检查：植保无人机机体振动较为强烈时，应检查螺栓、卡扣、铆钉等连接部位，如有磨损、损坏、松动、滑丝、生锈等情况应及时更换或者涂油。

3）易损件更换：农药有不同程度的腐蚀性，和农药接触的部分（管道、转接头、喷嘴、流量计、液位计等）要及时检查和更换。

4）养护存放：植保无人机及其附属产品中有些电子元器件需要放在干燥通风的地方，锂电池保持 60% 的电量储存，每三个月要充放电激活电池。

5）飞行平台机体部分保养：

① 每次使用完毕后请用清水将无人机上的桨、电动机、机架清洗一下（切记勿将水洒到飞控、电调、插头及其他电子元器件上）。

② 搬抬植保无人机时，应抬大臂而非小臂，否则将有可能损害机身。

③ 套筒旋紧，适度即可，不可过紧，否则将有可能造成套筒破裂或难以旋开。

④ 定时清理机身进气口的过滤网，保证内外气流流动顺畅（清理频率依作业环境清洁度、工作频率而定，建议一个季度清理一次）。

⑤ 使用完毕后将整机放入航空包装箱，放在不易碰撞的地方保管。

⑥ 使用期间每隔一周仔细检查各个部件以及配件是否完好。

⑦ 使用前和使用期间（每隔一周）仔细检查无人机机体是否松动、连接部分是否牢固、

螺钉是否紧固，尤其是电动机是否松动，关键部位使用螺钉胶（见图6-17）。

⑧ 使用前检查机架是否变形，螺母是否有划丝等状况。

⑨ 长期不用时，应将机架挂起来，依据材质妥善保存。

⑩ 尽量避免在沙土或者碎石等有小颗粒存在的环境下起飞。

⑪ 不建议在雨雪天或者雾气较大的天气使用无人机。

图6-17　螺钉胶

6.3　重点易污部件的清洁

6.3.1　喷头堵塞清洁

1）药液有杂质、药箱缺乏定期清洁都是造成植保无人机喷头堵塞的原因。那么当遇到喷头堵塞，应该如何清洁呢？

当用金属工具（针、刀片）清理喷头时，虽然金属物品比较尖锐，更容易剔除堵塞物，但正是由于其尖锐的特征与较高的硬度，清理时很可能会破坏喷嘴的结构，从而造成流量不准或严重影响喷洒效果的情况。

当用比较软的薄纸片清理喷头时，喷头内一般是湿润的，纸片很可能会卡在金属缝隙里，清理工作反而变得更麻烦。

因此推荐使用牙刷进行喷头清洁。牙刷毛细，顺着金属缝隙来回刷，可以轻易伸进喷头缝隙，清洗残留在其中的药物或杂质。而且牙刷毛质地较柔软，不会损伤喷头的金属部分。

要注意的是，清洁前应先把喷头从无人机上取下，清洁时保持喷头湿润并使用适中的力度进行清洁。清洁后可以透过光源检查，确认喷头堵塞物已被完全清理。

2）植保无人机喷头损坏原因分析及解决方法。

植保无人机喷头出现异常或损坏会导致植保效果不佳或无法进行喷洒作业。喷头损坏的原因有很多，除了人为破坏、碰撞破坏等原因，在日常使用中，还有以下5种原因会导致离心喷头损坏：

① 喷头作业一定亩数后，药液进入喷头内部，久而久之会对喷头内部结构造成损害。

② 喷盘内部有农药残留，农药风干后出现结晶（类似糖水风干后出现蔗糖晶体），结晶占据喷盘内部空间，当喷洒系统开启工作时，具有腐蚀性的药液会涌上喷头电动机。

③ 喷头电动机连接线由于多次插拔（手中常常沾有药液或水），会加速连接线插头的插针氧化，导致接触不良从而使喷头电流异常或转速异常。

④ 当无人机发生炸机、碰撞时，会导致动力电动机或螺旋桨偏心，影响其动平衡，在电动机及螺旋桨的高速旋转下使机臂产生异常振动（该振动不影响无人机正常飞行，但会对喷头构成伤害）。

⑤ 机臂的固定螺钉松动或其他原因导致机臂下振动异常，直接振坏喷头电动机。

3）如何避免植保无人机喷头堵塞？

① 提前过滤药液。

作业经验丰富的飞手都知道，有些药剂混合后极其浓稠，甚至产生沉淀，会增加喷头被堵塞的概率，影响作业效率。如果因此发生药箱滤网被堵，还要把药剂倒回配药桶进行清洗，十分浪费时间，所以提前过滤药液很有必要。可以使用过滤网或者高密度丝袜来过滤药液，提高植保无人机的作业质量和效率。过滤网要考虑到空隙不能太大也不能过密，空隙太大不能起到很好的过滤作用，且不能保证药液杂质不会堵住喷头；空隙太小过滤太慢又会影响效率，所以一定要使用合适的滤网，最大限度地减少堵塞。

② 4个部件需要经常清洗。

即药箱、喷嘴、滤网、解压阀。长时间的作业会使滤网外层形成一圈黏性的药膜（尤其是粉剂）阻挡药液的喷洒，因此要勤清洗。解压阀部位也会有药剂沉淀，药箱每次作业完都要第一时间反复清洗，不要影响下次喷药质量，其次把药箱的沉淀物清洗掉，避免堵塞。

4）喷头的选择。

目前植保无人机喷洒系统中主要使用的喷头有两种：压力喷头和离心喷头。压力喷头和离心喷头各有优劣，面对不同的作业环境和作物，选择最佳的喷头会让作业效果事半功倍。

植保无人机的喷头堵塞通常和作业时使用的药剂有一定的关系。适合植保无人机使用的航空专用药剂较少，普通药剂中有部分剂型如乳油、水剂等适合飞防作业使用，在药剂搭配上要尽量使用航空专用药剂，即使使用普通药剂也应避免选择粉剂等剂型，由于飞防作业具有高浓度低量的使用特点，剂型选用不合适也是导致喷头堵塞的一个原因。

一般情况下两种喷头可以通用，但是在某些情况下还得根据喷头自身的优劣、使用的机型、喷洒的作物及药剂来合理选择植保喷头。加药一定要注意过滤，滤掉大颗粒杂质（现在的植保无人机药箱都配有过滤组件）；作业时，可适当降低浓度，虽然这样提高亩用量看似会降低作业效率，但是能有效降低喷头故障率，也是保障效率的一种方式；每次作业完毕时，应该清洗喷头，良好的使用及养护习惯可以有效增加喷头的寿命。

6.3.2 水泵的清洗

1）清洗水泵的原因。

植保无人机的水泵在使用一段时间之后需要定期清洗。由于植保无人机的水泵输送的药液有腐蚀性，药液里面还会含有颗粒或者黏度较大的液体，用的时间长了之后泵体里面会有污垢，所以需要定期清洗水泵。

2）具体的清洗方法。

清洗水泵时首先将水泵壳体用气源吹扫干净，检查壳体应无裂纹划痕等明显损伤，否则应更换；检查泵壳应无变形、裂纹，结合面处应光洁、无损伤、无划痕，否则应修理或更换。

植保无人机出现水泵故障的主要原因是使用了对水泵损伤较大的药剂，由于药液在传输、作业过程中产生沉淀，导致水泵内残留了药渣而影响其正常工作。

3）避免植保无人机出现水泵故障的措施。

选择使用飞防专用药剂或适合飞防作业的普通药剂；不要使用粉剂、可湿性粉剂、水分散粒剂等浓稠度大的药剂；稀释药剂时不要使用浑浊水，必须使用干净的清洁水；稀释药剂时最好采用二次稀释法；将配好的药液灌入药箱时必须过滤；避免植保无人机在水泵故障时"带病"作业。

6.3.3 残余药液的清洁流程

1）检查飞机与遥控器的电量是否充足，避免清洗过程中电量耗尽引起不必要的麻烦。

2）先将水箱中残留的液体倒出，将水箱底部水管连接处的螺钉拧下来，取出滤网，使其自然流淌，在水箱清理残留液体的时候，把取下来的滤网放入水中浸泡，把滤网上的附着物分离下来，再用流水冲洗。残留液体清理干净后，重新连接水箱底部水管，检查是否固定好，避免漏液。

3）将水箱加满清水，启动喷洒系统，让无人机原地喷洒进行第一次清洗。第一次清洗完毕后，再向水箱中加入与水混合的碱性清洁剂。启动无人机的喷洒系统把水箱中的清洁剂喷洒干净。

为什么使用碱性清洁剂？因为使用的农药基本上都呈酸性，所以使用碱性清洁剂进行中和反应，强力去除残留药物。接着向水箱中加入清水清洁 2～3 次，清洁步骤同上。

4）内部清理干净后，接着就要清理外部。清理外部时要把无人机的电源切断，将电池取出，关闭遥控器，避免在清洗外壳时遇水短路损坏无人机，也能节约电量。外部的清洁要用抹布、软毛刷，干布等，先用抹布蘸水擦拭，把所有的外壳擦拭一遍后，用软毛刷进行细节性的清理，把一些不易清理到的地方仔细刷几遍。全都清理过后，用干布擦拭干净，使无人机外壳达到干燥的状态。

6.3.4　电池插头的清洁

插头是无人机与电池进行连接的必备配件，其工作频率非常高，且对于整个植保机系统非常重要。

无人机插头与电池插头进行连接时会产生打火现象，打火会造成插头的铜金属氧化，金属部分发黑，从而导致插头发热量增加，造成飞行隐患。如果发现电池插头上有黑点异物，用干毛巾（见图6-18）轻轻擦拭，去除黑点异物。

如果无人机一端的插头经过长久使用已经发黑，必须使用干燥的细毛刷（见图6-19）将插头上的黑色污点清理干净。

图6-18　干毛巾　　　　　　　　图6-19　细毛刷

插头连接时，必须完整插入，否则将会使插头发热，影响飞行安全。倘若插头连接口出现了黑色固体氧化附着物需要使用绝缘材质的刀片（见图6-20）轻轻刮拭直到该异物脱落。

图6-20　绝缘材质的刀片

长期不良习惯的插拔有可能造成插头变形、外径变小，导致发热量迅速增加，插头熔化。如果出现该状况建议立即更换插头。

电池平衡插头（见图6-21）要避免进入水及药液，否则将有可能导致平衡头短路甚至烧毁电池。

图 6-21　电池平衡插头

6.4　常见故障的维护与处理

6.4.1　螺旋桨的拆卸与更换流程

1）拆卸工具（见图 6-22）：套筒、螺钉旋具、内六方扳手（具体尺寸根据要维修的无人机来定）。

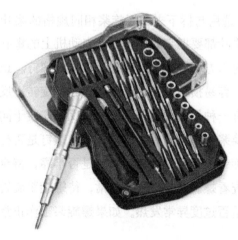

图 6-22　拆卸工具

2）拆卸注意事项：

① 查看螺旋桨的固定方式（见图 6-23），决定其拆卸方式（大疆精灵系列螺旋桨与桨帽是一体的，直接旋转螺旋桨即可拆卸和固定，较为方便）。

② 桨帽螺旋桨一体式的固定方向与该螺旋桨所在电动机的转动方向相反，多轴无人机的螺旋桨转动方向以机头方向为前，左前与右后螺旋桨顺时针旋转，右前与左后螺旋桨逆时针旋转（见图 6-24）。植保无人机的螺旋桨由于大多是用内六方螺钉固定的，所以

与平常螺钉一样，顺时针为紧逆时针为松。唯一要注意的就是工具的大小尺寸要合适，防止螺钉滑丝。

3）螺旋桨的拆卸：在拆卸螺旋桨之前要先把无人机的电源切断，保证无人机的螺旋桨不会旋转伤人。植保无人机的螺旋桨大多都是可折叠的桨叶，每一个电动机上由两片桨叶组合在一起，由于每个电动机上的螺旋桨都有两片，所以不管损坏了几片都要更换一对，也就是两片螺旋桨。固定方式基本都是内六方螺钉固定，拆卸较为麻烦，所以要选用尺寸适合的内六方螺钉旋具，逆时针旋转把螺旋桨的固定螺钉拆卸下来。拆卸下来的螺钉要保存好，是需要重复使用的。

图 6-23　查看螺旋桨的固定方式　　　　图 6-24　确定螺旋桨的安装方向

4）螺旋桨的安装：选用与拆下来的螺旋桨相同规格的桨叶，检查要更换上去的新桨是否完整无缺，每一片桨叶都要把它的螺孔对准电动机上的螺孔，对正螺孔以后将螺钉垂直插入，用尺寸合适的内六方螺钉旋具顺时针旋转紧固螺钉。正桨与反桨不要装反，装反会导致无人机无法起飞，容易损坏无人机。正桨逆时针旋转、反桨顺时针旋转，同时抵消因旋转产生的转矩。还有一种是共轴反转，正桨和反桨安装于同一根轴上，按照相反的方向旋转，抵消转矩。在换桨操作完成后，再检查一遍螺钉是否拧紧、正反桨叶是否正确，用手小幅度来回晃动螺旋桨，查看螺旋桨的固定是否牢靠，待全部检查完毕后即可通电。用遥控器给少量油门，查看螺旋桨工作是否正常，待螺旋桨旋转一会儿后，停止旋转并锁定电动机，检查电动机是否过度异常发热。如果螺旋桨工作正常，且无其他故障特征，则可正常飞行使用。

5）螺旋桨防护装置（见图 6-25）：有助于降低人身伤害或螺旋桨损坏的风险。大多数螺旋桨防护装置都带有夹式机构，可以快速安装和拆卸。它们设计坚固但重量轻所以建议正确地安装与使用。

图 6-25　螺旋桨防护装置

6.4.2　机臂的拆卸与更换流程

拆卸植保无人机机臂需要六角螺钉旋具、螺钉胶、工具手套和润滑液。

拆卸机臂前，先在正前方目视植保无人机的位置，确保全部部件都在观察范围内，因为植保无人机机身联系紧密，拆卸机臂会对机身造成影响。站在植保无人机外侧观察，周围环境中没有障碍物即可开始拆卸机臂。建议将无人机放置于平稳的四方格内，操作时减少过大幅度的行为。

植保无人机机臂与机身大臂连接件（见图6-26）是由六角螺钉固定、以板夹轴的结构实现固定与收合、以螺纹圆套实现小臂与连接件的紧固。

卸下机臂只需用7mm六角螺钉旋具将螺钉拧开取出电动机连接线，和机臂上的搭配物件一并放置于干燥无静电的平稳的桌面上，保证螺钉等物件都在专业的收纳盒中，植保无人机上的螺钉都是非常见的配件，需要妥善保管。

安装植保无人机机臂（见图6-27）前，先选择同型号的机臂在连接件上进行比对，以免出现安装不上的情况，选择合适的六角螺钉旋具与原装螺钉，将新机臂对准孔位放在连接件上并拧上螺钉，仔细观察其他机臂的抖动感觉，切勿大力拧螺钉导致其卡在里面进退两难。观察新机臂与其他机臂的区别。

图6-26 机身大臂连接件　　　图6-27 机臂

双手从无人机大臂抬起无人机并顺时针转动，观察机臂是否可靠、有无明显抖动，过于抖动可以使用垫片重新在连接口加固，确认无误后将无人机放置在地面上轻微拖动机臂，观察机臂折叠能力与载重能力是否安全可靠。装上电动机、电调等部件观察机臂是否适用与稳当。

6.4.3　电池鼓包的处理

电池鼓包（见图6-28）的原因可能有两个，一是电池制造水平的问题，电极涂层不均匀，生产工艺比较粗糙；二是使用过程中过充电和过放电问题。这两个因素会导致电池在使用过程中内部发生近似于短路的剧烈反应，生成大量的热，进而导致电解质分解气化，电池就鼓起来了。

如果有多块电池都鼓了，那应该是使用的充电器的截止电压与电池不匹配，建议更换。电池长时间不使用也会发生鼓包的现象，因为空气在一定程度上是导电的，放电时间过长就相当于电池的正负极直接接触，进行了慢性的短路。

图 6-28　电池鼓包

6.4.4　电池起火的应急处置

电池在充电站上发生起火时（见图 6-29）应首先切断设备电源；用石棉手套或火钳摘下充电站架上燃烧的锂电池，隔置于地面或消防沙桶中，用石棉毯盖住地面上锂电池燃烧的火苗，用消防沙掩埋。

切忌用干粉扑灭，因为对固体金属化学火灾灭火时需要大量粉尘覆盖，且干粉对设备有腐蚀作用，会污染空间。二氧化碳不污染空间也不腐蚀机器，但只能达到对火苗瞬间抑制的作用，需要沙石、石棉毯配合使用。

发现锂电池燃烧的第一时间应尽快扑救，同时用通信工具通知其他人员增援，最大限度减少财产损失和人员伤害。

图 6-29　电池起火

6.4.5　灌药机的校准

市场上的极飞植保无人机药箱加药需要灌药机（见图 6-30）协助。因此当灌药量出现误差时需对灌药机进行校准。校准分为空药箱校准和满药箱校准两步：

1）打开灌药机，长按复位键，灌药机显示空药箱校准，放入空药箱，按"+"按钮并选择是，待显示校准完成就代表第一步校准完成。

2）再长按复位键，显示屏提示满药箱校准，把装满水（药）的药箱放入灌药机，按"+"按钮并选择是，待显示校准完成就代表灌药机校准完成。

> **注意**
>
> 　　作业时灌药机校准使用的满药箱应当是装满药液的药箱。灌药机必须放置水平，满药箱药液灌至上刻度线（因为水和药液的密度不同会导致灌药体积不同，同质量密度大的体积小，有可能会导致漏喷）。

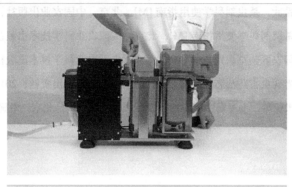

图6-30　灌药机

✦ 拓展阅读

　　植保无人机的维护和保养工作是确保其正常运行和延长使用寿命的关键。从动力系统、电力系统、控制系统到喷洒系统的维护，每一个环节都需要细致入微的检查和保养。这些工作不仅需要扎实的专业知识，更需要严谨的工作态度和对细节的极致追求。

　　随着无人机技术的不断发展，新的维护方法和工具也在不断涌现。快速保养流程的优化、新型清洁技术的应用等，都体现了创新在提高维护效率和质量方面的重要作用。

　　植保无人机的维护和保养，不仅是技术层面的工作，更是对农业生产的责任和担当。定期的例行检查和常规保养，可以确保无人机在飞防作业中的高效性和安全性，从而更好地服务于农业生产。这种对农业生产的关注和负责，体现了爱农情怀。

思考题

1. 简述植保无人机整机在非作业期间的清洁周期和清洁流程。
2. 简述植保无人机电池在冬、夏两季特殊保养的注意事项。
3. 简述当植保无人机出现喷头堵塞后应采取的清洁步骤。

参 考 文 献

[1] 陈利锋，徐敬友. 农业植物病理学南方本 [M]. 北京：中国农业出版社，2001.

[2] 洪晓月，丁锦华. 农业昆虫学 [M]. 2 版. 北京：中国农业出版社，2007.

[3] 李香菊，梁帝允，袁会珠. 除草剂科学使用指南 [M]. 北京：中国农业科学技术出版社，2014.

[4] 邵振润，张帅，高希武. 杀虫剂科学使用指南 [M]. 北京：中国农业出版社，2013.

[5] 邵振润，闫晓静. 杀菌剂科学使用指南 [M]. 北京：中国农业科学技术出版社，2014.

[6] 梁帝允，张治. 中国农区杂草识别图册 [M]. 北京：中国农业科学技术出版社，2013.

[7] 石洁，王振营. 玉米病虫害防治彩色图谱 [M]. 北京：中国农业出版社，2011.

[8] 张翠梅，张秋红，张亚琴. 小麦病虫害防治与诊断彩色图谱 [M]. 北京：中国农业科学技术出版社，2018.